U0918533

职场正能量

提升职场“心”动力的16节情商课

企业管理出版社

图书在版编目（CIP）数据

职场正能量/张心悦著．—北京：企业管理出版社，2013.5

ISBN 978-7-5164-0340-2

Ⅰ．①职…　Ⅱ．①张…　Ⅲ．①成功心理-通俗读物　Ⅳ．①B848.4-49

中国版本图书馆 CIP 数据核字（2013）第 086001 号

书　　名：职场正能量
作　　者：张心悦
责任编辑：韩天放
书　　号：ISBN 978-7-5164-0340-2
出版发行：企业管理出版社
地　　址：北京市海淀区紫竹院南路 17 号　　邮编：100048
网　　址：http：//www.emph.cn
电　　话：编辑部（010）68701292　发行部（010）68414644
电子信箱：bjtf@vip.sohu.com
印　　刷：香河闻泰印刷包装有限公司
经　　销：新华书店
规　　格：170 毫米×240 毫米　　16 开本　　16.5 印张　　257 千字
版　　次：2013 年 5 月第 1 版　　2013 年 5 月第 1 次印刷
定　　价：38.00 元

序

从泰勒在科学管理中对人的动作的研究，到梅奥霍桑实验对组织中人际关系的探索；从马斯洛对人类深层次心理动机的发现，到现代人力资源理论对于员工感受的关注；从情绪到行动，从动机到结果，管理的目光，从来没有离开人。而现代管理的人性化，越来越顾及到员工的内心深处，管理开始进入开发员工“心”动力的时代。由心而生的前进动力，用流行的说法，就叫“正能量”。

行动的力量源自人们内在心理资源的集合。正能量，指的是健康乐观、积极向上的情绪动力和内心感受。情绪感受通过激发内在潜能，可以使人表现出一个新的自我，更加自信、更加充满活力。

企业需要正能量

正能量是可以带来企业成长的“情绪动力”。国外积极心理学家、组织行为学家提出了心理资本PCA（Psychological Capital Appreciation）的概念：心理资本是指个体在成长和发展过程中表现出来的一种积极心理状态，包含自我效能感（自信）、希望、乐观、坚韧、情绪智力等，是贮藏在人们心灵深处一股永不衰竭的力量，是实现人生可持续发展的原动力。国外学者通过效用分析研究发现，心理资本增加与公司绩效显著相关。国内管理咨询机构研究亦表明，“内驱力”是激发员工行为的原动力，是组织绩效最重要的核心保障。

“心理资本”、“内驱力”都是实实在在的正能量，企业的竞争已经从资金、市场和人才和技术的竞争，延伸到员工“心理资源”的竞争。“心理资源”孕育的正能量，是组织无可替代的“情绪生产力”。

财富杂志在1966年就曾经发表评论：工业化属于19世纪，管理属于20世纪。那么，对员工“心”动力的管理，必然属于21世纪。新世纪的管理不仅仅是解决“不会做”的问题，还要解决“不愿做”的问题。情绪就是生产力，未来是“正能量”的竞争。

从现实的角度看，快乐和谐的团队，更容易获得较高的业绩成绩。Bachman Stein等（2000）对36项银行职员组织的样本进行了分析，情绪智力高的员工，拥有更好的问题解决能力，乐观和幸福感也较高。盖普洛公司研究发现，客服工作氛围每改善1%，将带来销售额2%的增长。

宾夕法尼亚大学的心理学家马丁·塞里格曼，对美国大都会保险公司15，000名新员工进行跟踪研究，发现“超级乐观主义者”的工作任务完成得最好。第一年，他们的推销额比“一般悲观主义者”高出21%，第二年高出57%。“正能量”是绩效的保障。

著名调查公司盖洛普对700家公司的200万员工所作的调查表明，能够激发员工积极性和提高工作效率的三个因素是：感受到上司的关心；得到上司对自己过去一周工作的肯定和表扬；相信上司关心自己的个人发展。员工对工作氛围的评分，高达50%取决于领导者的情绪状态和行为。管理者的“正能量”，是保持员工工作状态的关键因素。

目前，世界500强中，有90%以上建立了EAP系统（员工帮助计划）。EAP通过专业人员对组织以及员工开展指导、培训和咨询，帮助员工及其家庭成员解决心理和行为问题，提高绩效及改善组织气氛。一项研究表明，企业为正能量的“修复”和“充电”投入1美元，可节省运营成本5至16美元。

正能量是快乐工作的“幸福动力”

随着社会的进步，人们更加关注自我发展和内心感受。

当今世界500强的平均寿命只有41年，1000强是30年；美国中小企业平均寿命是5年，中国是2.99年。一辈子只做一份工作的可能已经越来越小。人们开始从管理工作，到管理自己的职业生涯；从管理自己的职业生涯，到规划自己的人生；从企业对我负责，到我对自己负责。我们开始关注为谁而工作，为了什么而工作，工作可以给我带来怎样的人生。正能量，是自我实现与发展中无形但至关重要的内心动力，是获得快乐工作感受的幸福之源。

剧烈的环境变化、起伏的职业生涯，使现代企业中的“人”，面临更大的和压力，容易产生心理焦虑。这种“正能量”严重损耗、负面情绪增强的状态，也会带入企业中来，影响工作场所的和谐关系及工作绩效。员工流失率的增加，人际关系的紧张，上下级关系的对立，婚姻家庭问题对工作情绪的影响，健康问题的日益严峻，凡此种种都会给工作场所蒙上阴影。

为什么很多员工“能力”很强，却很难在企业里发展，人际关系很糟糕？为什么有些员工很难坚持，对自己的职业发展也十分迷茫，遇到困难，很快就会离职？

研究发现，75%的职业脱轨都是由于与“正能量”相关的原因造成的，包括内在的不安全感，价值感的缺失，不能处理好人际关系问题，不能适应变化，不能营造信任等。

职场幸福，需要“正能量”；生活品质的提高和身心健康更离不开“正能量”。

组织中的正能量需要及时有效的维护和充电。组织为了求生存、谋发展，更加需要自信、乐观、坚忍不拔，充满“正能量”的员工。

如何提升正能量

能量由于人类感知的局限，常被喻作无形。

在中国的传统智慧里，有古人的能量提升之道：“修身、齐家、治国、平天下”讲的是从内到外的修炼法门；“每日三省吾身”体现了对能量觉察之智慧。中医“五志七情”中，充满相生相克的能量运行转化之道。宗教、灵修的“功课”中，也可以寻觅到能量蕴化、提升的踪影。

然而如何“省吾身”？如何悟道？

“情商”是西方心理学20世纪90年代的最新发现，它提供了关于“正能量”修行的一系列易懂、易行、可以学习的技巧方法，可以作为提升正能量的有效工具。

本书以16种最重要的“心理资源”——即16个情商指标为线索，结合作者多年职场培训的实践经验，试图揭示“正能量”的心理来源，并为读者介绍“职场正能量”的养成方法。

第一部分包括1-4章，主要介绍自我认知类的情商技能。自我价值、自我肯定、情感自立、自我实现，是“正能量”的元气之本。

第二部分包括5-8章，主要介绍人际关系类的情商技能。设定边界、同理心、人际交往、乐群利他，是“正能量”的效用之源。

第三部分包括9-12章，主要介绍适应性的情商技能。情绪唤醒、灵活应变、实际验证、问题解决，是“正能量”的运行之术。

第四部分包括13-16章，主要介绍情绪管理类情商技能。情感觉察、冲动控制、抗压能力、乐观积极，是“正能量”的维护之道。

“正能量”的修炼不能一蹴而就。情商只是开始。

情商是“技巧”，而非“玄学”。这些技巧的使用方向，以内在的和谐、快乐为检验标准。狂躁的成功学和阴郁的厚黑学不是真正的高情商。每一项情商技术的背后，都有主流价值观作为支撑。“能量”也有正邪之分。善用技巧，应不忘修行“正气”。

能量是灵动的。情商的“高低”不是简单能用得分来评价的。情商高的人，是对情商“有效使用”的人。“有效”是情商检验的最高标准。研究中我们发现，创业型企业家，他们高于常人的情商指标是“抗压能力”和“独立性”，而他们的“同理心”、“冲动控制”水平都低于平均水平。在航空公司，机长们的“情感觉察”能力也被压抑，他们的工作要求他们更倾向于冷静，没有太多情绪的波动。

拥有正能量，幸福就在正前方。

陪伴您的：心悦

2013年春

目录

第一课　自我价值

聪明的人只要认识自己，便什么也不会失去。

——尼采

一、职场真人秀，BOSS 不灭灯

职场真人秀节目大行其道，把活生生的应聘环节搬上银幕，众目睽睽之下上演应聘求职的唇枪舌战。抛开对其娱乐成分的一笑而过，你是否想过，在职场纵横的我们，如何表现才更受 BOSS 青睐呢?

李一舟，清华博士生，《非你莫属》第一百期特别节目——“高校精英专场”中，被称为“史上最强势求职者”。他“舌战 boss 团”的节目视频点击超过 40 万。这位李博士在求职过程中，把包括 SOHO 中国、东方风行集团、搜狗等名企以及他们的产品都进行了一番中肯的“挑剔”，对自己的表现更是“感觉良好”，“自信满满”。“高调”求职的李一舟，不仅没有遭遇老板们“灭灯”，反而得到众多企业的拼抢，有老板甚至开出了实习期月薪一万、入职两万的丰厚待遇。最后，SOHO 中国董事长潘石屹开出高于 6000 元的实习月薪，外带可以让李一舟与世界顶级建筑师接触的附加条件成功“纳贤”。李一舟说，这个薪酬在实习期间我是接受的，如果我带领团队为企业服务，那么价格会更高一些。

杨天下，在《非你莫属》一夜走红，高中文化，大学中途辍学，开始接触各类励志培训课程。他一上台，便发布了一番豪言壮语：“求名当求万古名，尽力当尽天下力。”“今天我要找的职位是老板的私人顾问。不管你是经营企业，经营家庭，还是个人问题，所有的问题在我这里都不会再有问题。我的能力就是激发所有人的能力。”这位没有创过业、成过家的小伙子，自信满满地要帮助老板们解决各种“人生大事”。“我的目标是底薪 5000 元，一年后是 100 万！”他对自己成长的解释是：“因为你们每天在想自己该怎么走，而我每天在想人类该怎么走！”

李一舟顺利地步入职场，杨天下“惊爆”了 BOSS 的眼球。职场的得意失意不过如此，成功的秘密就是“自知之明”。回顾几乎所有的成功求职者，和李一舟都有着共同的地方，那就是肯定自己的价值，高调但不张扬；对自己有清晰的认识，知道自己可以做好哪些工作，能为企业带来什么价值。他们这份对自我价值的肯定，也在影响着、甚至决定着老板对他们的评价结果。当然，如果你对自己的评价和别人对你的评价出入甚远，结果恐怕不容乐观。

情商中，把这种认知自己、评价自己的能力，称为自我价值认知。职场中，自我价值感高的人，能够发现自己的优势，了解自己所长。他们更容易在职场上取得别人的认可，寻找到合适的位置，获得满意的薪酬。自我价值是情商的起点。

二、知人者智，自知者明

（一）自我价值认知从何而来？

自我价值感的形成，是内外环境综合作用的结果（见图 1.1）。

当我们还是小孩子的时候，父母亲对我们的珍视和认可，是我们自我价值感最初的养分和原料。小生命得到了独一无二的确认，不是因为成绩棒才优秀，不是因为长的漂亮才有人爱，而是因为我们这个生命本身，得到了父母亲发自内心的无条件的关注和认可。我们的到来，如此的令他们激动珍视，我们是那么地有价值。

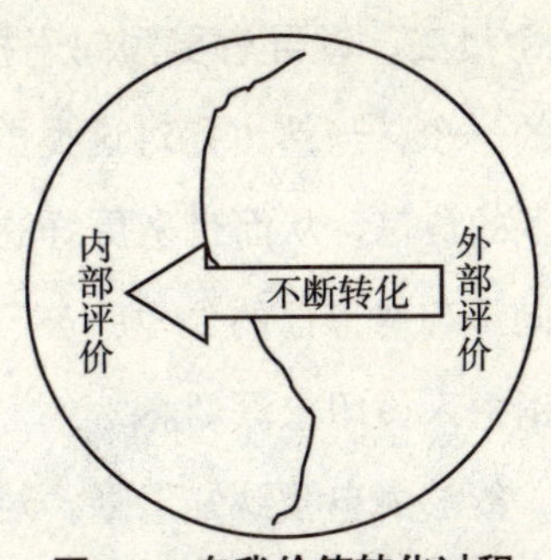

图 1.1　自我价值转化过程

慢慢地，我们把这些感受内化了，成为我们内在的自我价值感。成年以后，自我价值感还在不断地成长，同样依赖自我的不断确认和肯定，以及外界环境的评价对我们的影响。只不过，我们把开始目光从父母亲身上投向了社会，开始追求更广阔天地的一份认同。

内在自我价值感发育健康的人，会更加依赖价值感的内部确认。他们信任自己，依赖自己，确认自己的优势、发挥自己的价值，创造出他人和社会需要的成果，顺其自然的取得社会和他人的认可。从而更加增强自我价值感的确认。

内在自我价值感无力的人，会过分依赖和追求外界评价，来加强自我确认。他们往往不惜代价地追求鲜花掌声，贪恋功名荣誉，用名牌和体面社会身份包装自己。

内在和外在的评价是相互作用，平衡发展的过程，内在评价是决定性的力量。所有外在的评价需要转化为内部评价，才能真正对自信心、自尊产生影响。自我价值感充足的人，尊重自己也尊重他人，没有崇拜也没有歧视，潇洒地做自己。

（二）自我价值感影响他人的评价

为什么在职场上，无论求职、升职、加薪，那些“自我感觉良好”的人，往往结果也会比较幸运呢？我们的自我感觉，对自己的评价，会影响他人对我们的评价结果吗？

对于工作能力相当的两个员工，领导者更倾向于把重要的工作交给自信的、对自己工作结果感觉有把握的一个，当然也会对这类员工倾向积极的评价。而这种好评价又会让员工获得更多的自信，从而带来更好的绩效。

在商务合作中，客户倾向于与对自己的公司、自己的产品有积极评价的对手成交，并对自我感觉良好的销售人员印象深刻。

企业的人力资源管理者，能够为自我认知清晰，对自身优势判断准确的员工安排一个合适的、发挥其最大效能的岗位。甚至在绩效评价中，为自己打分很自信的员工，也往往会赢得组织相对高分的评价结果。

这个从感觉良好到评价良好的正循环，帮助自我价值高的员工在晋升和加薪的时候，赢得较高的印象分，使他们获得更多的机会。外界的这些正面的反馈，也会成为他们下一次更加自信积极的动力（见图 1.2）。

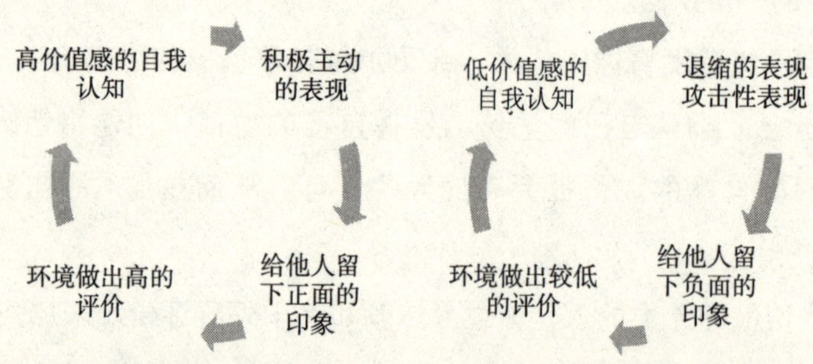

图 1.2　感觉良好到评价良好的正循环　感觉不好到评价不良的负循环

同样，从感觉不好到评价不良的负循环，也在起着负作用。对自己没有清晰认识的应聘者，很难寻找到满意的岗位；对自己没有把握的员工，面对机会止步不前，面对决策犹豫不决，这只能让上司感觉到他无法重用。同样，对绩效的自我评价都十分低的员工，获得领导打高分的机会非常渺茫。而由于没有得到外界积极的认可，这类员工会变得越来越没有自信，对自己的评价无法提升。自我价值感低的员工，没有自信，他们要么行动力弱，退缩不前，要么过度地工作以取得认可。在他们的内心里容易依赖或盲目地崇拜，抑可能为了遮掩自己的这种无力，变得容易指责他人，通过贬低、歧视，让自己获得道德上的优越感。（见表 1.1）

表 1.1　积极主动和退缩攻击行为对比表

积极主动的表现	退缩或攻击的表现
怀有期望，积极快乐	畏缩不前或扮演救世主
展示成绩	显示失败或极力掩饰失败（怕被批评）
遇事理智处理	情绪化地处理问题
乐于迎接应急情况的挑战	在压力面前束手无策
控制自暴自弃的想法——需要时能发挥智慧和技能	易受惧怕、恐慌和羞涩的干扰——当需要时，其知识和技能无以发挥

（三）准确地评价自我，在内外之间寻求平衡

古人云，知人者智，自知者明。

自我价值感不是虚幻的“白日梦”，离不开现实的检验。

自我评价过高的员工，会让人感觉与环境格格不入。他们过度夸大自己的力量，不能尊重团队的合作，他们所作出的“妄自尊大”、“一意孤行”的行为表现，会让环境给他们打上“自负”的标签。这样一来，负面的环境评价与他们内在的自我评价会不断冲突，令他们更加内心失衡。要么他们会认为自己怀才不遇，一蹶不振；要么会更加的“自大”，不断自我催眠，认为世人皆醉我独醒，来满足自己内在价值的失衡。

心理学家鲁夫特与英格汉提出“周哈里窗”（图 1.3）（Johari Window），帮我们了解自我认知与他人对我们的认知之间的差距，不断完善自我的评价和认知。

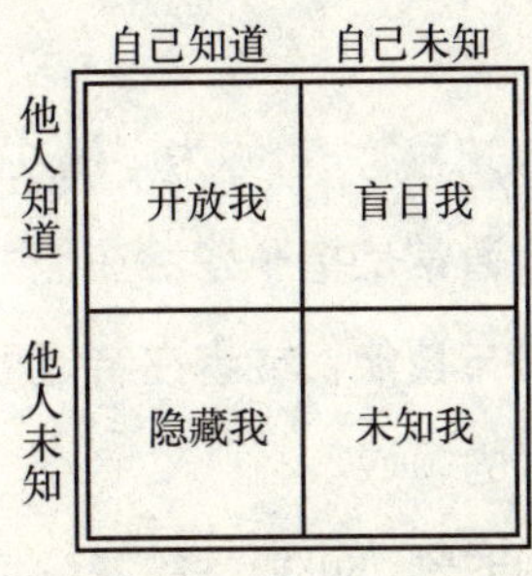

图 1.3　“自我评价”训练工具周哈利窗

1. 开放我

左上角那一扇窗称为“开放我”，也称“公众我”，这是自己了解、别人也知道的部分。“开放我”是对自我最基本的认知，也是了解自我、评价自我的基本依据。

在公众的区域里，需要我们客观地分析，通过社会评价、自己的业绩表现、生活状况等，逐步完善自我认知。

2. 盲目我

右上角那一扇窗称为“盲目我”，也称“背脊我”。这是自己不知道而别人却知道的部分，所谓“当事者迷旁观者清”。这个部分本人不易觉察，除非别人告诉你。“盲目我”的大小与自我观察、自我反省的能力有关，通常内省特质比较强的人，盲点比较少。

盲目的区域，要求我们能够听取他人的反馈。我们可以寻找知心的朋友，信任的长辈、领导、竞争对手、客户，给予我们一些评价，以了解自己尚未发现的部分。这部分不仅是缺点，很可能还有很多优势。

3. 隐藏我

左下角那一扇窗称为“隐藏我”，也称为“隐私我”。这是自己知道而别人不知道的部分，与“盲目我”正好相反。就是我们常说的隐私、个人秘密，不愿意或不能让别人知道的事实或心理。给自我保留一个私密的心灵空间，是正常的心理需要。然而，很多隐藏的部分，因为缺乏内心的力量去面对，我们会压抑，自己也不常提及。

隐藏的区域，需要我们不断地内省、觉察、发觉。

4. 未知我

右下角那一扇窗称为“未知我”，也称为“潜在我”，属于自己和别人都不知道的部分，有待挖掘和发现，通常是指一些潜在能力或特性。比如一个人经过训练或学习后，可能获得的知识与技能，或者在特定的机会里展示出来的才干，也包括潜意识里尚待开发的巨大的领域。

未知的区域在一些特殊的时刻，可能会给我们惊喜的发现，它鼓励我们要敢于尝试。

三、盘点你的优势

成年人培养自我价值感，即是发现优势、运用优势、确认优势，再不断提升优势的过程（见图 1.4）。

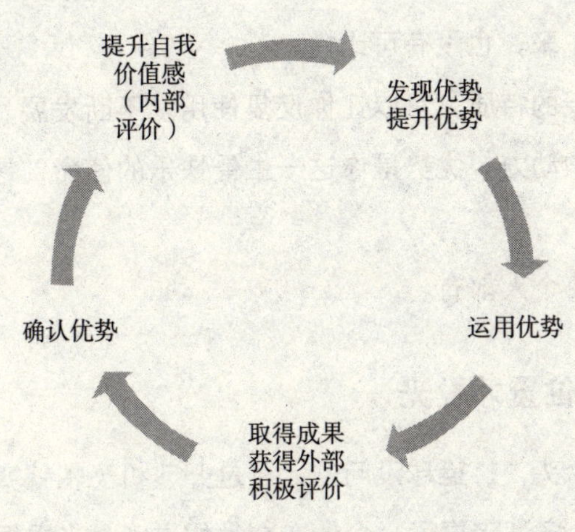

图 1.4　提升自我价值感的优势转盘

（一）审视你的优势

一提起优势，我们就会想到那些令人光彩夺目之处，那些让人脱颖而出的独特天赋：魔鬼身材，质感嗓音，数学奇才，语言优势……

与此同时，我们马上就会失望，因为看看自己：相貌平平，家境寻常，成绩不好不赖，手艺不温不火，职位不上不下，我们普通得不能再普通了，我们的优势从何而来?

研究成功者你会发现，他们的优势和天赋并无多少特别之处。读读李嘉诚的成长史，每一页不过都反复写着“勤奋”；研究研究比尔·盖茨，你会发现一个微软帝国的背后，除了一些运气以外，那就是比尔一直对最初的梦想的那份“坚持”；包括刚刚离我们而去的乔布斯，他甚至有点“不合群”，然而也正是这份对

“独树一帜”的运用成就了一个“不一样”的苹果。成功者也不过是各有“局限”的普通人，他们的成功有一个共同点，就是把自己的“优势”发挥到了极致。

（二）优势不是和别人比出来的

优势是在你拥有的所有的资源中（心理资源，技能，人脉关系……）最突出、最鲜明、与生俱来、一学就会、一用就灵的，你渴望的并擅长的，能够让你获得满足感的那一部分资源。这样的优势，才有发挥到极致的可能。

优势不从比较中来，也没有可比性。

优势是你最重要的特质，可以让你反复使用，不断发展，同时让你获得心灵的满足和源源不断的动力。优势是你这一生最快乐的使命，是你之所以成为你的重要表现。

所以，优势，每个人都有。

（三）金子，放对位置才发光

姚明天生的大个头，打篮球没问题，可是开飞机恐怕就塞不进座椅了。韩寒的文笔精彩，拥有众多读者喜爱，令他在文学的道路上走得很顺畅。可是如果在企业里，他的特立独行，没准倒是增加了他成为一名“问题员工”的可能性。一名理性严谨的财务人员，优势就是对数字非常敏感，可是这个优势对于他的家庭生活的幸福又能起到多大的帮助呢?

优势一定要结合某一个情境，产生了价值才会“有效”。失去了这个特定的环境，不在某一个具体的事情里，就无所谓优势可言。

歌德说："你若喜欢自己的价值，你就得给世界创造价值。"所以优势，选对了地儿，才发生。

（四）优势是一种化学反应

优势人人都有，发现和善用优势却是个能力。同样是青菜萝卜，不同的做法，产生的效果也会大相径庭。风靡一时的云南创意菜，不过是在保留云南菜的风味基础上，改变了云南菜粗糙的特质，加了些精致。小品女演员里，最“火”的要数宋丹丹，不过因为她是小品演员里最有文艺范、最会写书、最会演电视剧的明星。

所以优势，没准也需要混搭。

（五）找到自己的优势

怎么样？开始按捺不住要来找找自己的优势了吧？以下的几种方法，帮助你有效地发现自我优势，瞬间“自我价值感”飙升。

1. 测试法

从网站上简单娱乐的心理测验、兴趣测验，到职场较多应用的人际沟通风格测试（DISC）、职业性向测试（MBTI），以及专业的情商测评、人力资源测评工具等，都从不同的角度、不同的深度，帮助我们了解自己的特质，发现自我的优势，为我们提供了一些有用的信息，帮助我们完善自我评价。

2. 专家咨询法

职业发展规划已经成为专业的研究领域，从大学生走出校园开始，就已经可以有机会得到专业的就业指导。就业指导师们可能是学校里的老师，也可能是社会上专业机构里的从业人员。参加一些培训课程，或者一对一的进行专家咨询，也可以让我们有不一样的发现。

3. 前辈指路法

职场中的前辈、过来人，企业里有经验的 HR，他们阅人无数，是很好的伯乐。如果能得到他们的指点，也是一件非常幸运的事。

4. 情绪信号法

我们在充分发挥优势，做喜欢和擅长的工作的时候，情绪会传递给我们一个“肯定”的信息。所以，“从心所愿”，也是一个非常好的验定方法。当然喜欢的工作，我们不一定擅长，擅长的也不一定喜欢，需要有智慧去了解和分辨。这需要我们综合使用有关“情感觉察”、“自我实现”“情感自立”等情商能力，才会有不错的收效。

5. 工作实践法

再精准的测评结果，再权威的专家意见，都需要经过实践的检验。人是复杂的，我们无法通过一份报告就对人下定论，也无法通过几次咨询就得出一个职业发展的结论。在工作中不断地摸索、检验、实践，这也是发现优势必要的过程。潜能的发现往往需要排除法，没有一蹴而就的自我探索。

发现优势，使用优势，享受优势带来的成果，我们便无须依赖表彰、评优来证明自我价值，也不再需通过财富、身份、地位来维护自己的安全感，更没必要用奢侈品名牌来粉饰自己的“底气不足”。我们对待自己、对待成功、对待生活，都将拥有一份“自知之明”，这份肯定的感觉和欣赏的眼光，能够给予我们源源不断的内心的力量。

四、用木匠的眼光看待自己

中国人说“人贵有自知之明”，言外之意，是你要知道自己的短处哦，你不要自不量力哦。我们在评价自己的过程中，发现优势的同时，还有躲也躲不掉的自身局限。

在过去的集体环境里，我们强调批评与自我批评，挑毛病、找问题是主要的互动方式。我们把这种互动叫做“谦虚使人进步”。其实，这对团队的和谐氛围和自我成长收效甚微。一个充满自我批评的心灵是没有力量的，这不仅会增加自身的无价值感，也会对他人的价值产生怀疑。一个无法彼此欣赏、拒绝“相互吹捧”的组织，是缺乏活力、难以包容的。

在我们的家庭教育中，很多时候过多地关注单一的价值标准，成绩好是唯一值得夸奖的优势。于是，用刻板的标准来约束孩子——你成绩不好，你不守纪律，你没有特长，你就不是好学生、好孩子。于是，优势被“刻板化”了，“非主流”便没了优势。

在强调综合素质的声音下，木桶理论曾经一度流行。木桶理论讲到，水桶能装的水，是由最短的一根木板决定的，人的成就程度也是由其最弱的那个特质决定的。于是，很多人投身于弥补自己的短板，诚惶诚恐地担心这些短板葬送了自己的大好前程。自身的优势反而受到冷落，白白地浪费在那里。

于是，我们每个人都养成了大夫的眼光：挑毛病、找问题、补差距，不断向标准看齐。不仅挑自己的毛病，当然也爱挑别人的毛病，每个人都成了发现问题的高手。“大夫们”认为，“不对的”，“不好的”，“比别人差的”，通通是“病”，必须穷追猛打，治好为止。怎奈江山易改，秉性难易，拔苗助长，赶鸭子上架，的确收效甚微。问题找到了，差距却还在那里。

在改进缺点还是发挥优势之间，很多人遗憾的没有选择后者。优势和局限，不过是硬币的两面，把人生有限的时间放在自己不擅长的事情上，实在可惜。

从现在开始，换用“木匠”的眼光看待自己吧。

在木匠的眼里，料就是料，没有长短好坏，各有各的价值和用处，用在哪里，怎么用，就考手艺了。

首先请你接纳。

在职场中，“自我价值感”偏消极的人，往往有自己不能接纳的某些局限，容貌、学历、家庭背景等等。因为不能接纳，自己就会产生内心的冲突，就会过度的与别人比较，从而不能给同伴以真心的喝彩，对别人的成功往往归因于客观的因素，对自己的工作环境也会充满抱怨，给自己的工作不足找借口。

正确的态度就是接纳。不接纳自己的人永远停留在无望的期待或抱怨里，常会把很多能量用在否认和排斥上，带着那么多对自己的不满、失望，甚至否认和拒绝，又怎么可能成长?

如果我们不能面对真实的自己，我们就无法与自己的梦想真正地相遇。

其次是懂得取舍，找对位置。

杨澜是一位很多人喜爱的成功女性，在多年前深受全国观众喜爱的辉煌时刻，她选择了淡出荧屏；在借助凤凰卫视这一平台拥有了世界级知名度的时候，她又华丽转身成为阳光文化的当家人，做了一名企业家；五年后，她又宣布辞去包括阳光媒体投资董事局主席在内的所有管理职务，重新回归她熟悉和拿手的文化人角色。杨澜访谈录，再次把一个知性智慧的杨澜带到我们的面前。

杨澜几次转型，不断换位之后，说出了这样的一番话：为了做个好商人，我曾经到中国管理学院去参加 CEO 的培训班，我很注重学习和充电。但是跟很多成功的商人比起来，我并不是一个很好的经商的材料，我真正的热情和兴趣可能还是在文化和传媒领域。我不是一个擅长做文化的商人，我还是做一个商圈里的文化人。人的一生有很多角色需要担当，我是妻子、是母亲、是主持人，也是制作人，我还要参加一些国际交流方面的工作，以有限的时间和精力很难都做得很好，所以必须要有所取舍。

取舍的智慧，便是选择的智慧。

这个社会不缺杨澜这样的企业家，却不容易再找到一个杨澜这样的文化人。

把自己放在一个对的位置上，有时候比努力更重要。

最难能可贵的，是将局限转化。

邓亚萍是大家都熟悉的乒乓球运动员，这个个子矮但作风强悍的世界冠军令很多人钦佩。然而，在她进国家队之前，教练们却为这“矮个子”展开过讨论。很多教练认为，个子矮，照顾台面范围有限，打起球来是个致命的弱点。而张燮林教练在邓亚萍进国家队之前却说：“矮个子也有优点，她个子矮，面对所有的球都感觉是高球，她就敢打，敢进攻。高个子的人看球是矮的，可能就会打过渡。”小球速度太快，又有很强的旋转，进攻就是最好的防守。矮个子邓亚萍就成为了一个成功的进攻型的选手，她敢打敢攻，球风硬朗，矮个子不仅丝毫没有阻碍她的成功，反而成为她的优势。

来看看以下的不同说法，你会有什么感受？

我脾气太急，心里搁不住事。

我做工作雷厉风行，当天事情当天解决。

我很固执，有时过于主观。

我很有自己的想法，能够坚持自己的决定。

我比较粗线条，不拘小节。

我关注目标和结果，抓大放小。

我生来胆小、怕羞，没见过大世面。

我传统、严谨，忠诚度很高。

我从小就喜欢异想天开，不知天高地厚。

我思维活跃，敢于冒险，能够挑战权威。

我比较懒。

我知道怎么让自己舒服。

五、情商加油站

认知自我价值是一种“自知之明”，是认知自己，接受自己，对自己做出“恰当”的、“积极”的评价的能力。这种“自知之明”不是狂妄自大，也不是妄自菲薄，更不同于“假谦虚”、“玩低调”。

拥有健康的“自我价值感”的人非常了解自己。他们欣赏自己的优势和潜力，关注和尊重自己的感受，也能够接受自己的局限，适当地承认自己的错误，喜欢真正的自己。

他们接受自己，对自己满意，因而自我感觉良好；他们有安全感和自信心，拥有稳定而强大的内心力量。

“自我价值”是一个基础的情商指标，是正能量的核心，在职场中广泛影响着我们关于“自我肯定”、“情感自立”、“自我实现”、“人际关系”、“同理心”等其他情商技能的发挥。它影响着我们进行职业规划、岗位选择等重要职业事件，决定这我们扮演着什么样的职场角色。

有效的“自我价值”认知在职场的表现

自信，积极，一般都能够带来比较好的工作表现；

了解自己，有自知之明，从而能够清醒地评估自己的岗位胜任技能；

不卑不亢，开放地面对他人的评价，平等积极地与他人建立沟通与合作。

“自我价值”认知不足在职场可能的表现

认为自己不好，认为自己没有价值，可能会过度工作；

不知道自己的优势，按照他人或团体的评价标准要求自己。因为觉得自己“不够好”，所以对于批评过分敏感；

由于对自己不接纳，所以对他人也会出现过度指责。

“自我价值”认知过度的表现

认为自己比实际上更好或更有能力，自负，听不进意见；

自我膨胀，忽略自己的局限，出现团队合作障碍。

六、情商测一测

获得幸福的 24 个优势测试

一、智慧与知识

1. 好奇心、对世界的兴趣

好奇心使我们对不符合预想的事物产生尝试的兴趣，驱使我们主动追随新奇事物。它的反面是容易厌倦。

“我对世界总是很好奇。”

5. 非常符合　4. 符合我　3. 既没有符合也没有不符合　2. 不符合我　1. 非常不符合我

“我很容易感到疲倦。”

1. 非常符合　2. 符合我　3. 既没有符合也没有不符合　4. 不符合我　5. 非常不符合我

2. 喜爱学习

在没有任何外在诱因的情况下喜爱学习，尤其排除因工作需要而进行的学习。

“每次学新东西我都很兴奋。”

5. 非常符合 4. 符合我 3. 既没有符合也没有不符合 2. 不符合我 1. 非常不符合我

“我从来不会特意去参观博物馆或其他教育性场所。”

1. 非常符合 2. 符合我 3. 既没有符合也没有不符合 4. 不符合我 5. 非常不符合我

3. 判断力、判断思维、思想开放

其特点是不会将自己的需要和诉求与事实混淆。客观理性地筛选信息，以事实为导向，判断利人也利己。其对立面是错误的逻辑或非黑即白的二分法。

“不管是什么主题，我都可以很理性地去思考它。”

5. 非常符合 4. 符合我 3. 既没有符合也没有不符合 2. 不符合我 1. 非常不符合我

“我常会很快做出决定。”

1. 非常符合 2. 符合我 3. 既没有符合也没有不符合 4. 不符合我 5. 非常不符合我

4. 创造性、实用智慧、衔头智慧

这类优势不满足于大家都使用的方法，有艺术方面的，也有实用智慧、常识、衔头智慧方面的。

“我喜欢以不同的方式去做事。”

5. 非常符合 4. 符合我 3. 既没有符合也没有不符合 2. 不符合我 1. 非常不符合我

“我的大多数朋友都比我有想象力。”

1. 非常符合 2. 符合我 3. 既没有符合也没有不符合 4. 不符合我 5. 非常不符合我

5. 社会智慧、个人智慧、情商

包括对自己和他人的认知——了解别人的动机、感觉和独特点并很好地回应；找到自己的用武之地，最大程度发挥自己的技能和兴趣。不同于内省或沉思，它要既能做情感评估又能指导行为。

“不论是什么样的社会情境我都能轻松愉快地融入。”

5. 非常符合 4. 符合我 3. 既没有符合也没有不符合 2. 不符合我 1. 非常不符合我

“我不太知道别人在想什么。”

1. 非常符合 2. 符合我 3. 既没有符合也没有不符合 4. 不符合我 5. 非常不符合我

6. 洞察力

代表这个类别最成熟的优势，接近睿智，是生活问题的专家。

“我可以看到问题的整体大方向。”

5. 非常符合　4. 符合我　3. 既没有符合也没有不符合　2. 不符合我　1. 非常不符合我

“很少有人来找我求教。”

1. 非常符合　2. 符合我　3. 既没有符合也没有不符合　4. 不符合我　5. 非常不符合我

二、勇气

7. 勇敢与勇气

在很不利的情况还能为达成目标而勇往前进，包含身体、道德和心理上的勇敢。

“我常常面对强烈的反对。”

5. 非常符合　4. 符合我　3. 既没有符合也没有不符合　2. 不符合我　1. 非常不符合我

“痛苦和失望常常打倒我。”

1. 非常符合　2. 符合我　3. 既没有符合也没有不符合　4. 不符合我　5. 非常不符合我

8. 毅力、勤劳、勤勉

毅力并非不顾一切追求不切实际的目标；勤勉的人是有弹性的、务实的，而且并非完美主义者。这类优势是野心的积极面。

“我做事都有始有终。”

5. 非常符合　4. 符合我　3. 既没有符合也没有不符合　2. 不符合我　1. 非常不符合我

“我做事时常分心。”

1. 非常符合　2. 符合我　3. 既没有符合也没有不符合　4. 不符合我　5. 非常不符合我

9. 正直、真诚、诚实

不仅不说谎，而且真诚地对待自己和他人，说话办事都诚恳、说一不二。

“我总是信守诺言。”

5. 非常符合　4. 符合我　3. 既没有符合也没有不符合　2. 不符合我　1. 非常不符合我

“我的朋友从来没说过我是个实在的人。”

1. 非常符合　2. 符合我　3. 既没有符合也没有不符合　4. 不符合我　5. 非常不符合我

三、仁爱

10. 仁慈与慷慨

这类人的共同点是能看到别人的价值。凡事先替别人着想，有时甚至将自己的利益放在一边。移情和同情是达到它的途径。

“上个月我曾主动去帮邻居的忙。”

5. 非常符合　4. 符合我　3. 既没有符合也没有不符合　2. 不符合我　1. 非常不符合我

“我对别人的好运不像对我自己的好运那样激动。”

1. 非常符合　2. 符合我　3. 既没有符合也没有不符合　4. 不符合我　5. 非常不符合我

11. 爱与被爱

不限于罗曼史，但也不是说亲密关系越多越好，虽然一点也没有的确不好。

“在我生活中，有很多人关心我的感觉和幸福，就像关心他们自己一样。”

5. 非常符合　4. 符合我　3. 既没有符合也没有不符合　2. 不符合我　1. 非常不符合我

“我不太习惯接受别人对我的爱。”

1. 非常符合　2. 符合我　3. 既没有符合也没有不符合　4. 不符合我　5. 非常不符合我

四、正义

12. 公民精神、责任、团队精神、忠诚

有别于盲从，这个优势是对权威的尊重，尽管已经不太流行。

“为了集体，我会尽最大努力。”

5. 非常符合　4. 符合我　3. 既没有符合也没有不符合　2. 不符合我　1. 非常不符合我

“我对牺牲自己的利益去维护集体利益很犹豫。”

1. 非常符合　2. 符合我　3. 既没有符合也没有不符合　4. 不符合我　5. 非常不符合我

13. 公平与公正

不让个人感情影响自己的决定，给每个人同等机会。

“我对所有人一视同仁，不管他是谁。”

5. 非常符合　4. 符合我　3. 既没有符合也没有不符合　2. 不符合我　1. 非常不符合我

“如果我不喜欢这个人，我很难公正地对待他。”

1. 非常符合　2. 符合我　3. 既没有符合也没有不符合　4. 不符合我　5. 非常不符合我

14. 领导力

有很好的组织才能并能监督任务执行，有效率、勇于承担责任，人道而爱好和平。

“我可以让人们为了共同的目标而努力，而且不必反复催促。”

5. 非常符合　4. 符合我　3. 既没有符合也没有不符合　2. 不符合我　1. 非常不符合我

“我对计划集体活动不太在行。”

1. 非常符合　2. 符合我　3. 既没有符合也没有不符合　4. 不符合我　5. 非常不符合我

五、节制

15. 自我控制

某些情况下，做出控制自己的情绪、欲望、需求和冲动的行动。

“我可以控制我的情绪。”

5. 非常符合　4. 符合我　3. 既没有符合也没有不符合　2. 不符合我　1. 非常不符合我

“我的节食计划总是虎头蛇尾，半途而废。”

1. 非常符合　2. 符合我　3. 既没有符合也没有不符合　4. 不符合我　5. 非常不符合我

16. 谨慎、小心

不说、不做会后悔的事，反复确认后再发布命令，是有远见、抵御眼前诱惑、三思而后行的结果。

“我避免参与有身体危害的活动。”

5. 非常符合　4. 符合我　3. 既没有符合也没有不符合　2. 不符合我　1. 非常不符合我

“我有时交错了朋友或找错了恋爱对象。”

1. 非常符合　2. 符合我　3. 既没有符合也没有不符合　4. 不符合我　5. 非常不符合我

17. 谦虚

不喜欢出风头，宁愿让成绩说话，不认为自己了不起。眼光长远，个人的成败、痛苦不足道。

“当人们称赞我时，我常转移话题。”

5. 非常符合　4. 符合我　3. 既没有符合也没有不符合　2. 不符合我　1. 非常不符合我

“我常常谈论自己的成就。”

1. 非常符合 2. 符合我 3. 既没有符合也没有不符合 4. 不符合我 5. 非常不符合我

六、精神卓越

18. 对美和卓越的欣赏

欣赏各领域中美好、卓越的东西，对美好的东西充满敬畏与惊喜。

“在过去的几个月，我曾被音乐、艺术、戏剧、电影、运动、科学或数学等领域的某一个方面感动。”

5. 非常符合 4. 符合我 3. 既没有符合也没有不符合 2. 不符合我 1. 非常不符合我

“我去年没有创造出任何美的东西。”

1. 非常符合 2. 符合我 3. 既没有符合也没有不符合 4. 不符合我 5. 非常不符合我

19. 感恩

不认为自己本该如此，对生命抱有惊讶、感谢和欣赏。可以扩大到任何人和事。

“即使别人帮我做了很小的事情，我也会说谢谢。”

5. 非常符合 4. 符合我 3. 既没有符合也没有不符合 2. 不符合我 1. 非常不符合我

“我很少停下来想想自己有多幸运。”

1. 非常符合 2. 符合我 3. 既没有符合也没有不符合 4. 不符合我 5. 非常不符合我

20. 希望、乐观、展望未来

期待未来更好并为此做好计划，努力工作。

“我总是看到事情好的一面。”

5. 非常符合 4. 符合我 3. 既没有符合也没有不符合 2. 不符合我 1. 非常不符合我

“我很少对要做的事情有周详的计划。”

1. 非常符合 2. 符合我 3. 既没有符合也没有不符合 4. 不符合我 5. 非常不符合我

21. 灵性、目标感、信仰、宗教

对宇宙、人生的意义有坚定的信仰，并塑造行为和获得慰藉，知道自己的人生是有目标的。

“我对生命有强烈的目标感。”

5. 非常符合　4. 符合我　3. 既没有符合也没有不符合　2. 不符合我　1. 非常不符合我

“我的生命没有目标。”

1. 非常符合　2. 符合我　3. 既没有符合也没有不符合　4. 不符合我　5. 非常不符合我

22. 宽恕与慈悲

原谅那些对不起自己的人，永远给别人第二次机会。

“过去的事我都让它过去。”

5. 非常符合　4. 符合我　3. 既没有符合也没有不符合　2. 不符合我　1. 非常不符合我

“有仇不报非君子，总要报了才甘心。”

1. 非常符合　2. 符合我　3. 既没有符合也没有不符合　4. 不符合我　5. 非常不符合我

23. 幽默

因为总能看到事情的光明面，喜欢说笑话，自己也喜欢笑。

“我总是尽量将工作与玩耍融合在一起。”

5. 非常符合　4. 符合我　3. 既没有符合也没有不符合　2. 不符合我　1. 非常不符合我

“我很少说好玩的事。”

1. 非常符合　2. 符合我　3. 既没有符合也没有不符合　4. 不符合我　5. 非常不符合我

24. 热忱、热情、热衷

充满热情、全心全意投入，容易带动别人也容易被激励。

“我对每一件事都全力以赴。”

5. 非常符合　4. 符合我　3. 既没有符合也没有不符合　2. 不符合我　1. 非常不符合我

“我老是拖拖拉拉。”

1. 非常符合　2. 符合我　3. 既没有符合也没有不符合　4. 不符合我　5. 非常不符合我

计分：

非常符合 5 分，符合 4 分，既没有符合也没有不符合 3 分，不符合 2 分，非常不符合 1 分

请将分数在纸上排序。一般来说，你有五项或少于五项得到 9 分或 10 分，这是你突出的优势，至少你是这样觉得的，请把它们圈出来。

在你的生命里激活这些优势吧！

第二课　自我肯定

天下莫柔弱于水，而攻坚强者莫之能胜，以其无以易之。

——道德经

一、我的地盘谁做主

李娜，湖北辣妹子，6 岁开始练习网球，29 岁获得法网公开赛女单冠军，夺得苏珊·朗格朗杯，这是中国乃至亚洲在网球四大满贯赛事上夺得的第一个单打冠军。让众人对她刮目相看的不仅仅是她取得的这些成绩，还有她率真耿直、敢说敢为的个性。

“不要说我为国争光，我是为自己。”

——2011 年澳网决赛之前接受记者采访。

“国家队有很多体制不是很好，如果可以将队员的成绩和奖金挂钩，应该会更好一些。”

——2005 年全运会后炮轰国家网管中心。

“我觉得可能中国人太没有自信了，所以从来没有相信过自己可以做到，但是今天一旦有人做到，他们就会觉得，原来她可以做到，所以我也可以做到。”

——夺得法网冠军后接受采访。

这些在公开场合，坚定地表达观点的方式，被网友誉为“娜样的说法”。它像一股旋风，刮出新时代下职业运动员的个性气息，令很多人为之叫好。

然而，勇敢到底，表达出自己的声音，也未必都会带来赞誉。过分强调自我立场和观点，也会引发争议。

网络流行这样一个段子：在一次电视台策划会上，主任对一名实习生说：“麻烦你开完会给大家订盒饭，按人头，我请客。”实习生答称：“对不起，我是来实习导演的，这种事我是不会做的。”

这条微博被多次转发并引起热议，有大声叫好的，也有严厉指责的。叫好的认为，就该直言不讳，坚持自己的权益，凭什么总欺负新人；质疑的指出，简直太自我，没有规矩。

电视台的一名编导道出两代人关于主张自己利益的区别：如今来实习的大学生最关心两件事，一是能拿到多少补贴，二是自己有没有被“署名”。10年前自己实习的时候，补贴很少，大家都是抱着来学习的态度，从来也不好意思打听补贴多寡。

对自我的观点、立场、权益的确认和坚持的能力，在情商中称之为“自我肯定”。职场中，拥有一份恰到好处的自我肯定的能力，能够帮助我们坚持自己的主张，维护自身的权益，保护自己的劳动付出和工作成果。然而，过度的自我肯定也会遭遇环境的挑战和冲突，带来团队协作的障碍和人际关系的不良，甚至会影响我们的职业发展。

二、不做老好人

（一）老好人到底好不好

自己手头的工作，就是个被踢来踢去的皮球。两头受着夹板气，却无处伸冤；

老板的工作方式实在难以忍受，同事的习惯真是令人反感，但是却不知如何开口；

明明不愿意、不喜欢、不想，但是碍于面子，那个“不”字就是无法说出口；

不爱加班，想涨工资，对规定不满意，想提出换岗位，然而，通通说不出口。

你是这样的老好人、受气包吗？不善表达自己的观点、立场和主张，不敢于面对冲突，怕得罪人，也怕被人排挤，很难说“不”。

这样的“老好人”可能看上去包容和顺从，但是内心却压抑纠结，甚至有可能成为组织里暗藏的“定时炸弹”。

（二）老好人是怎样“憋”出来的

1. 被强烈压抑的“自我需要”

老好人无法坚持真正的“自我需要”，这或许和他们的“自我价值认知”偏低有关。他们认为自己“不值得拥有”，“或许我做的还不够”，“我真的可以吗”，“如果没有了这个，我不会再有更好的了”。他们前怕狼、后怕虎，无法真正地维护自己，照顾自己的感受。

2. 害怕自己失去“他人”

老好人经常会说：“我不愿意得罪人”，“我不好意思拒绝”，“和谐很重要”。其实，内在的声音是，我很在意别人评价，我担心别人不爱我了、不关注我了、不信任我了。我很害怕会因此遭受损失、伤害、或者不公平的待遇。老好人的“好”，是希望通过自我牺牲来赢得爱和信任，是希望通过取悦别人来保护自己，避免刻薄、拒绝、冲突、批评乃至失败。这些想法，和“情感自立”这一情商技能的缺失密切相关。这些想法的背后，其本质都是对他人的一种情感依赖。我们在研究中发现，几乎所有“情感自立”指标低的人，都会或多或少面临自我肯定的困境。

3. 缺乏对自己的了解

还有一些“老好人”，总是不表达自己观点和态度，这让和他打交道的人甚是挠头，不知该如何是好。“随便”、“都行”、“没意见”是他们的万用口头禅。其实，他不表达态度，是因为他们真的“没有”态度。或者更准确地说，他们无法觉察到自己真正的需要。这和“情感觉察”的情商技能有关。很多人不是不想表达，是真的不知道该表达些什么、也不知道自己到底想要什么、该拒绝什么又该坚持什么。于是，遇见冲突墙头草，遇到麻烦绕着跑。逼急了，就只剩下打死我也不说。

“老好人”不仅给自己的生活带来了很多困扰，对于他所在的集体，也没有产生积极的作用。因为不能准确了解自己的需求、准确表达自己的观点，会导致团队沟通质量的不良和工作效率的降低。

（三）老好人传递负能量

憋屈的“老好人”们，内心那些无处可去的情绪感受，会不断的积累，也会不断寻找发泄的渠道，通常导致以下几种情形：

当法官：老好人内心会委屈，这份委屈会变化为对他人的指责和无力的抱怨。诸如：世风日下啊，他们都不负责啊，到处都是“政治”啊。甚至正常的竞争行为，也会被他们看做是小人之道。他们很可能通过保持一种道德上的“优越感”，远离这些现实和冲突。这些逃避，只会使自己生存能力明显不足，该得的利益也没有得到。

倒垃圾：老好人一旦遇到了知心人，会将自己的压抑的情绪倾泻而出，相当于倒掉自己的情绪垃圾。然而，这种不负责任的“卸载”一点都不环保，“情绪垃圾”不仅污染环境，而且也会让大家对倾倒“垃圾”的人避而远之。抱怨是“毒气”，非常容易在组织里传染和蔓延；抱怨迷乱心志，降低行动力，破坏关系，伤人也伤己。

装病人：扮演受害者，也是老好人的常用方法，通过示弱来换得支持和同情。一些时候，这种“示弱”的确能够换来一些同病相怜的附和，然而“病人”是无法真正帮助“病人”的，只能使病态的情绪加速蔓延。通过扮演受害者的模式去获得关注，往往得不偿失。

推卸责任：当我们不敢面对的时候，无法寻找到解决方案的时候，我们还可以推卸责任。你看，领导不作为，公司不公平，市场环境不好，时运不济，我爹不是“李刚”，为了掩饰自己的挫败感而为自己披上的“义正言辞”的外衣。指责是一把无柄利剑，在指向他人的同时，也会戳破自己的双手。

三、你的自由以他人的自由为界

自我肯定是我们与环境的一种互动，目的是帮助我们捍卫利益，获取资源。它需要通过我们的语言，行为表现出来，方可被他人接收到。当自我肯定不足，我们可能会扮演“老好人”，表现为行动力不足，犹豫不决。而当自我肯定过分“强大”，表达方式不当，我们又很可能忽略他人的感受，变得很有攻击性，做事不考虑后果，看上去“咄咄逼人”（见图 2.1）。

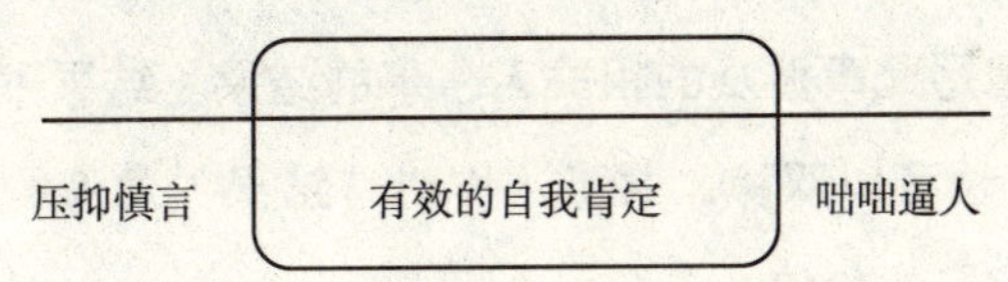

图 2.1 有效的自我肯定作用范围

拒定盒饭的实习生，非常坚定地表达了自己的感受和立场，旗帜鲜明地捍卫自己的权益，看似维护了自己的尊严，实质却忽略了他人的感受和组织的利益。这种不合时宜的、破坏性的表达方式，显然已经逾越了“自我肯定”的尺度，变得过犹不及，最终很可能目的没达成，反而为此付出意想不到的代价。

在“压抑慎言”和“咄咄逼人”之间，是有效的“自我肯定”作用的范围。在争取自己的利益，又不损害他人的权益之间，是一份有效使用“自我肯定”的智慧（见图 2.2）。

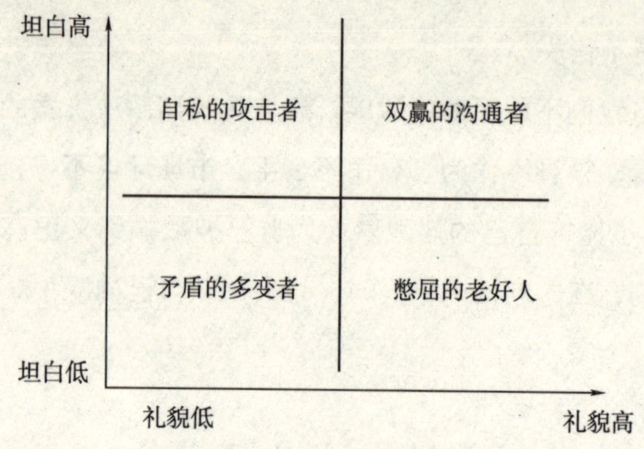

图2.2 礼貌-坦白象限

注：礼貌意味着关注他人感受，重视社会规范和组织约定俗成的规则；坦白意味着明确表达感受，自我的维护，争取利益，不妥协。

那么我们如何在自我坚持和顾忌环境之间寻求平衡呢?

思考以下四个问题有助于我们成为双赢的沟通者：

第一问：我想要的结果是什么?

所谓结果，不仅仅是当下的结果，还包括未来可能导致的后果。不仅仅是对于你的结果，还包括此事波及的相关人、事的结果。结果不是一个人是否“胜利”，还包括大家是否可以双赢、共赢。你对“结果”思考的高度、视角，决定了你使用“自我肯定”的价值。

拒绝定盒饭的实习生可能暂时达成了自己“捍卫尊严”的结果，但很可能导致职场关系破裂，职业发展受阻的结果。虽然在订盒饭的“斗争”中胜利了，却输掉了人心。

第二问：我这样做会与“原则”冲突吗?

原则是规章制度、公司守则，也包括行业规范、法律法规。原则还是社会规范，道德准则，甚至人性的品质和良知。原则甚至还包括团体里的约定俗成的规矩、甚至“潜规则”。

这些都是“原则”，都需要我们的去权衡。违背原则的代价，就是会与环境发生冲突。

拒定盒饭的实习生，也许没有违背自己内心对“我是来当导演的”的工作原则，然而，他违背了组织中对领导交代的任务需要执行的原则，他触碰了集体中关于“先来后到”的“潜规则”的敏感神经。

因为自己的原则而触犯了企业的原则，自己将受到组织的排挤或惩罚；同样，企业制定的规则如果触犯了行业和社会的法律、市场的游戏规则，企业也会在竞争中被淘汰。当然，局部社会的进程，如果违背了人类社会的法则和规律，也将付出沉重的代价。

小系统的原则不能违背大系统的原则，这是“从心所欲不逾矩”的智慧所在。

第三问：我还有更好的方法吗？

自我肯定是内在力量的显现。然而，它的使用也是要讲究策略的。这份自我肯定的表达过程中，我们所选择的方式方法、场合时机，都是需要考虑的。这需要我们综合调动“同理心”、“人际关系”、“实际验证”、“灵活性”、“冲动控制”等情商技能，寻找到更让人容易接受的途径。在完成自我肯定的同时，也能够尊重他人，照顾别人的感受。

第四问：我在代表“谁”说话

我们在职场中需要扮演很多角色，如果我们公布的立场和观点违背了自己的职业角色，也将导致严重的后果。

如果你是客户服务人员，在未经过授权之前，你就不能对客户做出任何越权的承诺。

如果你是企业的管理者，你就不能为了获得下级员工的认同，而表达：“公司这个制度我也不支持。”

如果定盒饭的实习生，能够正视自己的职业角色，也许就不会这么“咄咄逼人”了。

每个人都追求自由，然而，你的自由以他人的自由为界。

四、职场说“不”，不伤感情

不能说“不”，往往是自我力量不足或低估了他人对“不”的承受力。

把自己内心的感受和反应有效地交流，说出有风险的情况、说出无法达成的情况、说出不能接受的部分。表达拒绝，并不是止步不前，而是真正朝着和解的方向去努力。

（一）直接说“不”

对于明显侵犯到自己的权益，触碰自己底线和原则的事情，要敢于直接说“不”。

当然，“说不”并非“捶胸顿足”、“激情澎湃”，平和而坚定地表达，严肃的表情，坚定的肢体语言，都会有效传递出拒绝。

（二）换位思考再说“不”

一位哲人说过：“我们只有用放大镜来看自己的错误，而用相反的方法去对待别人的错误，才能对自己和别人的错误有一个比较公正的评价。”意思都是说，一般人都会觉得自己好，而别人是有问题的。

所以，在说“不”之前，我们就应该放下自己，首先以客观的角度，去评价和体会一下要拒绝的事情、要拒绝的人，是否有他们存在的道理。

在组织中，特别是对领导以及跨部门沟通中，往往出现这个“不认同”在先的问题。如果我们能在沟通前，先站在管理者的角度、对方部门的角度乃至公司大局的角度去考虑问题，有可能很多分歧就已经不成为问题了。

（三）婉转地说“不”

美国的罗宾森教授曾说过这样一段很有启示的话：“人有时会很自然地改变自己的看法，但是如果有人当众说他错了，他会恼火，更加固执己见，甚至会全心全意地去维护自己的看法。这不是那种看法本身多么珍贵，而是他的自尊心受到了威胁。”

婉转地说“不”，意味着关注对方的“面子”、“情绪”、“自尊心”，也同时注意自己说话的语气表情。在绝大多数不涉及原则性的问题面前，关注感受，远远比关注对错更能让我们把事情顺利推向期待的结果。

（四）适时说“不”

“说不”也讲究“天时、地利、人和”。

该出手的时候，把握时机，绝对不能拖泥带水；时机不成熟的时候，又一定要沉得住气，按下暂停键，稍后再议。

尤其，我们在指出上司问题的时候，在会议上评价其他部门工作的时候，都需要掂量掂量时机是否适合，场合是否合适，或者有没有更好的渠道可以表达。人在情绪状态好的时候，没有伤及自身利益的环境下，都比较容易能够接受他人的意见。

（五）理性说“不”

对事不对人的意思是，凡事要讲究证据，提供数据，摆出事实，不要牵连个人的情绪，不对他人的人格进行攻击。伦斯勒理工学院开展的一项实验表明：不当的指责对职业人际关系危害重大，是工作冲突的主要成因，超过了猜疑、性格不合以及权力斗争。当我们需要表达意见的时候，不要以“你怎么能这样”开头，而是拿事实说话。理性说不，也可以帮助对方处于理性的状态之下。

（六）建设性地说“不”

如果我们想拒绝一份加班的请求，我们需要讲明自己当下的状况的同时，给领导提出如何按时完成此项工作的其他方法。

如果同事说，今天下班前，我需要这个数据，而你的确无法做好，你可以说，这个数据的处理，我没有现成的资料，需要一些时间。我可以明天一早做好了给你。

“说不”不是置之不理，同样要推动事情的发展。

（七）说“不”可以求同存异

卡耐基曾经告诫人们：“与人交谈，要让对方接受自己的观点，不要先讨论双方不一致的问题，而要先强调、并且反复强调你们一致的事情。不要去贬损对方的观点。”

当观点不一致，无法达成共识的时候，说不之前，我们需要认真倾听对方的观点和感受，设身处地地理解对方的立场。之后，再真诚的与之交换意见，找到双赢的可行方案。

（八）换一种方式说“不”

很多时候，我们纠结于如何表达自己的不满意，如何扭转自己的局面，但常常忘记了，其实表达期待就是说“不”。

与其总是私下抱怨，薪酬太少了，不如直接对领导提出加薪的请求；与其想方设法去解释，自己实在不适应加班的原因，不如直接对组织提出，我希望获得一个什么样的岗位。

表达期待可以尝试使用“ABC期待法”：

A-affairs 说出现实的状况，摆事实，拿数据

B-boring 表达另自己烦恼的感受，引发共鸣

C-change 明确的提出期待，坚持己见

例如，三季度，某公司销售部门业绩发展顺利，公司最增加几个新的服务岗位，以支持一线销售的工作。在一个风和日丽的下午，领导刚刚参加季度表彰会归来，一位员工走进领导的办公室，她这样说：

A-affairs：领导，我来公司两年了，一直工作都很努力，绩效成绩也都不错。部门现在业务发展很快，市场的压力也很大。我家里孩子年纪比较小，需要照顾。现在的工作强度对于我来说，兼顾业绩和孩子有点困难。

B-boring 我非常喜欢这份工作，也很认同公司的文化，特别是跟您一起工作，也十分开心。只是，做妈妈的，实在心疼孩子，搞得我工作时，也心神不宁。孩子也没照顾好，工作成绩也受影响，心里经常很难受。

C-change 我希望能够有机会调整到二线的岗位去，希望您能考虑。

申请加薪要谨慎使用这个ABC流程，不要说一些触碰禁区的傻话。全世界都知道的加薪“暗语”是：“领导，这是我今年的工作总结，您看未来一年我该

怎么继续努力一下？”

富兰克林有句名言说：“诚实是最好的政策。”当我们无法准确的把握的时候，那就真心地说“不”吧。

五、情商加油站

“自我肯定”是一个人对自我的确认和坚持。自我肯定的人能够顺利表达自己的各种情感，包括愤怒、渴望等可能带来关系问题的情感。自我肯定的人能够公开表达自己的信念和观点，敢于表达不同意见，立场鲜明。即使面临情感的阻碍和某些损失，也能够坚持自己。

自我肯定的人，能够用正面的、建设性的方式维护个人的权利，能够争取自己的权益，不受他人干扰。自我肯定的人不过度克制或者害羞，同时他们也并不带有侵略性，对于他人的权利同样可以给与肯定和支持。

自我肯定的情商能力和健康的“自我价值认知”有关，也和“情感自立”相辅相成，同时与“设立边界”的能力相互制约。

职场中，自我肯定的情商能力有利于组织开放沟通，有效解决问题，推进公开、公平的职场环境。对于领导者和关键岗位项目的推进者，自我肯定帮助他们有效表明立场，澄清观点，搜集意见，并作出和推进决策。

有效的“自我肯定”能力在职场的表现

有效表达观点，开放地分享意见；

能够明确表达自己的工作意愿，以及对工作待遇、工作安排的期待；

维护自己的职场权力和应得利益，同时不侵犯他人；

能够有效表达对他人和组织的建设性意见。

“自我肯定”能力不足在职场的表现

难以说不，难以表达不满；

不愿意分享自己的思路和观点，特别难以面对冲突；
常常附和他人的意见，即使自己不愿意；
很难捍卫自己的权力。

“自我肯定”能力使用过头的表现

习惯不把别人的意见当回事；
常有过激的言词和行为，过于情绪化地表达自己的立场；
在追求自己利益的时候富有攻击性。

六、情商测一测

自我肯定行为量表

□1从来没有　□2很少　□3偶尔　□4大多是　□5经常是

1. 当一个人对你非常不公平时，你是否让他知道？	□1　□2　□3　□4　□5
2. 你是否容易作决定？	□1　□2　□3　□4　□5
3. 当别人占了你的位置时，你是否告诉他？	□1　□2　□3　□4　□5
4. 你是否经常对你的判断有信心？	□1　□2　□3　□4　□5
5. 对于与你不符的立场和观点，你会坚决的回击？	□1　□2　□3　□4　□5
6. 在讨论或辩论中你是否觉得很容易发表意见？	□1　□2　□3　□4　□5
7. 通常你是否表达你的感受？	□1　□2　□3　□4　□5
8. 当你工作时如果有人注意你，你是否不受影响？	□1　□2　□3　□4　□5
9. 当你和别人说话时，你是否能轻易地注视对方的眼睛？	□1　□2　□3　□4　□5

续表

10. 你是否易于开口赞美别人?	□1　□2　□3　□4　□5
11. 你很容易对推销员说不，不会买些自己实在不需要或并不想要的东西?	□1　□2　□3　□4　□5
12. 当你有充分的理由退货给店方时，你是不会迟疑不决的?	□1　□2　□3　□4　□5
13. 在社交场合你没有困难去保持交谈?	□1　□2　□3　□4　□5
14. 很多人会认为你说话太直接?	□1　□2　□3　□4　□5
15. 如果有位朋友提出一种无理要求，你能拒绝吗?	□1　□2　□3　□4　□5
16. 如果有人恭维你，你知道说些什么吗?	□1　□2　□3　□4　□5
17. 当你和异性谈话时，你是否不感到紧张?	□1　□2　□3　□4　□5
18. 当你生气时，你会严厉的责骂对方?	□1　□2　□3　□4　□5

自我肯定量表计分与解释

1. 高度自我肯定：得分在 77 分以上者，表示非常自我肯定，经常表露自己的意见与感受。但要警惕对他人的进攻性。

2. 中偏高度自我肯定：得分在 52 ~ 76 分之间者，表示大多数时候能表露自己的意见与感受。

3. 中偏低自我肯定：得分在 27 ~ 51 分之间者，表示偶尔能自我肯定，但大多数时候不能表达自己的意见与感受。

4. 低度自我肯定：得分在 26 分以下，表示非常不自我肯定，经常不能表露自己的意见与感受。

第三课　情感自立

我必须是你近旁的一株木棉，作为树的形象和你站在一起。

——舒婷

一、职场“萌”的妥与不妥

曾几何时，80 后员工的管理一直都是管理中热议的话题。然而当 80 后们在房贷车贷剩男剩女的生活中日趋成熟逐渐磨平了棱角，刚刚回归“主流”不久，90 后们又浩浩荡荡进军职场了。

（一）90 后们更加“独立自主”

“深度宅”已经成为“90 后”的生活模式了。因为网络及通讯技术的发展，90 后们“宅”得很独立、很个性。“我在网上买衣服，在网上打游戏，在网上看新闻，在网上定外卖，连生活用品也都可以直接快递到家门口了……”网络生活开拓了视野，也斩断了交流，大人们的意见，更是直接被无视了。90 后面对自己的职业规划等人生大事，也都“宅”着就搞定了。他们去下载各类文档资讯，把“面试攻略”下载到手机上，实时更新。如果不是为了找份工作，他们真的几乎可以“独自”生活了。

（二）90后们更加敢于张扬个性

一份90后的简历上，特长栏里写着“善于讲冷笑话；善于观测星空；会跳国标舞”。这些特长的确令老一辈们汗颜，看不懂的“火星文”更让职场老大哥老大姐们感觉自己真是太OUT了。很多90后觉得写份简历根本无法展现自己的独特优势，干脆拍起了小电影，用视频来介绍自己。招聘网站也非常应景地与企业合作，特别为90后开辟了多媒体简历招收区，以满足他们个性化的需求。

（三）90后拒绝平庸，特立独行，敢想敢干

月薪低，不去；级别低，不去；头衔不好听，也不去……工作对于90后来说是不能将就、不能凑合的。在一个“职业价值观拍卖会”的活动上，主办方邀请90后们为人际关系、发展空间、工作稳定、团队协作、收入财富、自我实现、兴趣特长、追求创新、自由独立和权力地位等10个职业价值观进行排序，90后们非常看重自我实现、发展空间、追求创新，而工作稳定则没有人选择。90后们比80后更有想法，对于感兴趣的事情，他们会呈现出极大的热情和勇气并付诸实践，

90后看上去是如此的自信、独立，然而他们也有“萌”、孩子气的一面。

他们扮小可怜，令HR抓狂。有一组调查问卷，搜集90后离职的理由。他们说到：“伙食不行，不想呆了”；“家里有老人生病了，请假太麻烦”；“挤地铁，太累了”；“感觉老大对我太好了，不习惯”；“没发展空间”；“物价太高了，养不活自己”；“工资太低了，另谋发展”。许多孩子气的理由，让企业人力资源部门无所适从。

他们扮小可爱，需要管理者照顾。有位经理实在对管理90后下属无计可施了，竟然连哄带骗地给下属布置工作，“小李，你乖一点，今天下班前一定要完成任务，明天可以迟点上班。小陈，你不要再和小李说话啦，早点做完请你们吃冰激凌。”这让我们产生一种错觉，这是在职场，还是在幼儿园？

看似自信独立，其实孤单脆弱。90后的“独立”在于他们更加开阔的视野，更加独立的思考；90后的脆弱在于，在“情感”上，他们尚未断奶，他们依旧特别渴望被认可，强烈需要被关注、被夸奖，甚至无法控制自己的情绪，无法担

当起自己的社会角色，他们虽然参加了工作，但还没有完成从学生到社会人的角色转换，实现自立。

“情感自立”是衡量情感独立性的重要情商指标，是实现校园人到职场人的转变，成熟面对社会和职业的重要标志。只有情感独立的员工才能独立自主、有创造力地开展工作，认清职场角色，理性而非感情用事的处理职场关系。同时，“情感自立”与我们的执行力和团队合作能力也密切相关，积极的合作依赖于个体的独立。

二、为你的情感断奶

为什么我们内心总是没有安全感，渴望他人的关注和情感的支持?

为什么我们特别在意别人的评价，需要不断被夸奖才能把工作坚持下去?

为什么我们能够找到工作、执行项目、“挣钱养家”，但依旧那么在意别人的认可抑或质疑?

为什么我们生活能够自理，“见多识广”，并且自认为有了自己的一套处事哲学，可还是会感到受制于人，无力去面对生活的种种挑战?

什么是真正的自立?

是能找到一份工作吗？是敢于自己做决定吗？是特立独行，让自己与众不同吗？经济的独立，从来不是真正自立的标志。真正的独立源自情感的自立。

当我们开始可以吃稀饭、米糊，就做好了生理上断奶的准备。而心理上的断奶，才是子女个体与父母亲真正的分离，意味着我们开始真正信任自己、依靠自己、在情感上自给自足，不再需要妈妈说出“你真棒”来证明自己真的可以，不再需要爸爸在身边才有安全感。情感自立的人冷静面对自己内心真正的需要，从身体到精神上脱离了母体，开始有了自己真正独立的人生。这是人生真正走向自立的开始。

在中国的抚养方式和家庭模式下，代际之间的情感依赖还是很普遍的。不仅孩子对父母有依赖，父母对孩子也是有情感依赖的，很多父母把孩子作为自己唯一的希望和生活下去的全部动力，这样的孩子是很难真正获得情感自立。

情感尚未自立的人，往往会表现出以下的症状：

求安全：不敢自己做决定，需要别人的肯定，需要别人或企业给予承诺和安全感，总想寻找有力的组织、权威、领导去依靠，需要伴侣给予安全感，非常粘人。

求照顾：生活自理能力较差，或者一厢情愿地认为，别人都该伺候自己，为自己服务。总是抱怨工作环境太差，上班太远，不能承担责任。

求关注：过于需要别人的关注和赞誉。他们希望成为组织中的明星、耀眼的人物，以获得别人关注的眼光，三日不夸，便没了工作动力。

求认可：对自我价值感不确定，需要不断通过外界的评价来证明自己的价值，过于希望从权威处获取价值肯定，希望从工作或社会成就中获得自我价值感。关注上司的评价，过分追求业绩结果，过度工作，盲目追求成功。

爱扎堆：自我情感力量不足，喜欢扎堆。而这种扎堆并非真正意义的团队合作，而是哥们义气的“团伙”。也会有人为了寻求群体的认可，委曲求全跟随于“团伙”之中，害怕被抛弃。

过分讨好：希望变成对别人有价值的人，值得爱的人，因而过分追求照顾别人的需求和感受，她们爱送人礼物，与人近乎，边界不清，用委曲求全的“付出”来换得他人的喜爱。

扮演拯救者：这种人貌似很强大，他们包揽无法承担的责任，不断提出自以为是的意见，热衷控制，事无巨细的包办代替，过度要求知晓和进入别人的私人空间。

判断自己是不是已经真的在情感上“断奶”了，有这样一些标志：

1. 客观评价父母

不再与父母“融为一体”，清晰地知道父母的价值观和处事方式，能够客观评价自己的父母，了解他们的优点，也接纳他们的局限。对于父母不盲目崇拜，一味盲从，亦不会充满逆反的情绪。对于自己的家庭和出身欣然接纳，并以此为基础，发展出自己独立的人生观和价值取向。建立自己的、符合时代特征、与当下的社会环境相适应的积极的人生观和生存原则。

古人云“三十而立”，便是这份情感的自立。这是自立的起点。

2. 不再到处“认爹娘”

虽然我们可能在生理年龄上已经成年，离开了父母，但当我们没有实现情感自立的时候，我们还会把自己从父母那里需要得到的情感，尚未满足的情感，投射到外界的社会中去，到外界去寻找情感的寄托和需要。在社会中，过分依赖自己的男朋友女朋友；在单位里，过分依赖领导，指望企业对自己负责；盲目的崇拜专家、明星人物，不断寻找自己父母的替代品。

3. 自食其力，为人生做决定

自立的人，能够经营自己的人生，并知道一分耕耘一分收获，为自己播种，为自己收获，自己掌握自己的命运。不管我们的思维多么的独立，视野多么的开阔，如果我们还是在家里“啃老”，不能自己去养活自己，那么所有思想的独立都黯然失色。现在的年轻人面临巨大的社会压力，如果我们的家庭条件允许，我们接受父母的帮助是可以的，但不意味着我们没有自己的人生计划，躺在上辈的财富上坐享其成。自食其力，永远是自立无可撼动的核心标志。

4. 建设自己的支持系统

自立的人，离开父母投入到更广阔的天地，意味着我们要拥有自己的生活圈子，自己的人脉，自己的支持系统。人无法孤立的在社会上生存，建立起自己的事业圈、朋友圈、专业圈，我们才真正开始和世界互动，建立支持系统是自立有力的保障。

5. 扮演好自己的社会角色，愿意为其承担责任

在社会中，你可能会是一名员工、一位专家、企业老板，在家庭中，你会是丈夫、妻子、孩子、父亲、母亲，我们会担当很多社会角色。当我们选择了某一个角色，就应该为其勇敢地承担起责任。当然，我们也会在付出中，收获这个角色给我们的人生带来的精彩体验。我们在多大程度上承担了责任，我们就会在多大的范围内获得自由。承担责任，是自立能力的最高检验标准。

三、独而不孤

情感自立的人会表现出很独立。有人说：如果我们太独立，都自己说了算，怎么能有执行力呢？这和团队精神是不是违背呢？“自己”和“集体”，“自立”

与“合作”是否矛盾呢?

误区一：执行力就是要“听话”

有人说，企业现在都讲执行力，不就是要求我们把自己的活按规定干，领导怎么说怎么干，你干你的我干我的，别管别人的事吗？这种不动脑子的干法，不是真正的“独立”，也不是真正的执行力。

执行力不是没有想法，不是对上级不沟通不反馈，不是坐等领导发话不主动解决问题。执行力是一种有效利用资源，寻求方法达成目标，按质按量完成自己工作的行动力！而要具备和发挥这种行动力，首要的就是要有独立的意识，知道我的工作目标是什么，我为什么要工作，我如何才能做得更好。“不理解先去执行（行动），理解了可以创造性（有意识的）地执行”。为了更好的执行，你必然要更多地开放视角，学会站在老板、站在领导、站在同事和全局的角度考虑问题。你知道该到哪里去协调资源，用什么样的方法可以做得又快又好，在这个过程中形了自己“独特”的行为风格和职业作风。

这一切都不是只靠“听话”就能实现的，而恰恰是靠“自立”才能实现的。

误区二：“独立性与团队精神是矛盾的”

有人又说，大家都太独立了，那么遇到事情都想做主、出主意，不能听取别人的意见，那不就是没有团队精神了?

团队精神，是一种大局意识、协作精神。团队精神的基础正是尊重个人的兴趣和成就。在彼此尊重的基础上才能求同存异、协同合作、各取所长。

毛里求斯是一个有着众多种族和宗教的小岛国，在那里，不同肤色，不同语言的人们和平共处。他们遵从的文化是：做水果沙拉，不做果酱。果酱是“打碎”、“搅拌”、“融为一体”，而水果沙拉是保持了每个人原有的风味，“尊重差异”、“保持个性”、“和谐共赢”。在一个团队里，如果团队成员缺乏差异性，就无法给团队带来生机，不利于协同作战提高效率。反而，不同类型的成员各显其能、相互配合，方能提高整体战斗力。

“大锅饭”的时代，为了大我牺牲小我，大家都一样，自然不存在独立性和团队矛盾的问题。现在虽然是一个崇尚独立、崇尚个性的时代，然而“独立”与集体主义也并不矛盾。因为，“独立”不是“个人化”，不是“个人主义”。“个人主义”是不尊重他人的、无视集体的，而个性化正是对差异的尊重。差异是客观的，很难改变，我们必须接纳和善用。个性化和独立性，也不能妨碍和伤害集体和他人的利益。

误区三：“打工就要被管，创业才能自立”

有一些年轻人，特别推崇“自立”。他们说，只要打工，就不可能“自立”，总得被人管着，只有自己创业才算自立。

我们在对北美创业型企业家的情商研究中发现，几乎所有的创业者，他们的“情感自立”情商指标都很高。正是这种独立思考判断，独自面对困难挑战无所畏惧，能够独立决策的精神，帮助他们获得成功。

但自立不是排斥“管束”。不是脱离约束，我们就自立了。即使你创业了，还是会有很多人“管理”你。

自立也不等于“自己说了算”。情感自立有一个非常重要的标志就是，善于听取别人的意见，只是倾向于自己来做决定。

自立更不是排斥合作。任何人都无法单打独斗创立一番事业，自立也是健康合作的前提。只有彼此知道自己需要什么，目标是什么，才能达成共识，实现合作。

创业是一种人生的经历，创业的道路是“孤独”的，但创业一定在合作中才能走向成功。创业者需要更多内在的“自立”支持。年轻人在追寻梦想的时候，先真正实现“情感自立”，先做好社会人，才有机会做好创业人。

独而不孤，才能发挥优势，和谐共赢。

四、依而不靠

有人说：“在职场就是要找个好饭碗、好靠山。如果能和同事像一家人一样，那工作起来就没那么多烦恼了。”

果然如此吗?

(一)哥们义气劫持职场前途

王建和刘开明是同一批进入公司的渠道经理，分别负责广东和福建市场的拓展工作。两个人成绩都不错，关系也很好，公司领导同事都知道他们是无话不谈的好哥们。今年，公司负责华南区域的大区经理离职，公司准备从渠道经理中提名一位为大区经理。两个好哥们一起吃饭时，王建表示，自己非常在意这个职位，奋斗这么多年了，希望有所提升，家里妻子刚有小孩，希望能够有更好的收入。刘开明回家后心里翻江倒海，自己也非常希望竞争得到这个岗位，无论对收入还是未来的职业规划，可是又觉得应该帮兄弟一把。于是刘开明在竞聘中主动放弃了竞争的名额，并向领导力荐王建作为大区经理。两个月后，王建如愿当上了大区经理，而刘开明被公司调离了华南区域。

(二)职场终归不是家

顾薇是一个内向的女孩子，她做客户服务的工作已经有三年了，从客户服务部部门创立开始就来到这家公司。开始时候，公司业务并不多，客户服务的工作就是给客户定期打打电话做做回访，工作也十分轻松。顾薇办事很细心，态度也好，对领导交代的事情都能够很好地落实，非常得领导和同事的喜欢。随着公司业务大规模迅速拓展，客户服务部的职能日益增多，从售后服务回访到投诉处理，还有一部分产品物流的工作，甚至销售满意度的监督，都陆续划归客户服务部管理。客户服务部门新同事越来越多，今年又来了一位新领导，他对顾薇也提出了新的要求。客户服务部已经没有简单的回访工作岗位了，他希望小顾把投诉和满意度监督也管起来。他更多地授权，需要顾薇独立承担工作，而不必事事汇报请示。面对新的环境、新的工作、新的领导，顾薇充满焦虑，她非常怀念三五个人一起工作时候，还有领导像大姐一样的“温馨”氛围。老同事不是调离岗位、升职，就是换到了其他的公司，她感觉非常孤单。她说，当初我不离开，就因为我喜欢这个团队，像“一家人”一样，可是，我再也找不到那种感觉了。

（三）职场不是单纯情感经营的场所

江山大学毕业一直没有找到合适的工作，艰难的求职了半年，终于被一家贸易公司招聘为行政职员。他非常珍惜这份工作，不仅分内的事情做得好，还非常愿意帮助同事。他一直说，老板对他有知遇之恩，他要好好努力。两年来，江山不断努力工作，还不忘提升自己，考取了人力资源师的执照，公司一部分人事助理的工作，也开始交给他执行。而这两年的时间，他几乎放弃了所有的休息日，一心扑在工作上，而他的工资却还是原地踏步。有人劝他说，你可以找老板加点薪了。可是当初找工作的不易，遭到的那些白眼，还是让江山不能忘记。他说，老板对我有知遇之恩，我不好意思提出这个请求。在做公司招聘的工作中，他发现公司新聘用的行政助理刚刚大学毕业却工资比他还要多一点，他的心里酸酸的，很是纠结。慢慢的，工作热情也降低下来。可是，加薪的请求，还是说不出口。

职场毕竟不是单纯情感经营的场所。当我们的私人情感和职业关系纠结在一起的时候，往往会面临艰难的决定，甚至遭受了侵犯也无力还击。办公室里各种各样的潜规则、性骚扰的受害者，绝大多数原因都是因为在情感上害怕失去，没有安全感，对上级和公司有太多“期待”。这些情感的依赖让我们无从做自己。

依而不靠，方可自助助人，创造价值。

五、情商加油站

“情感自立”意味着摒弃情感的依赖，在思想和行动中依靠自己、自我指导、自我控制。情感自立的人会征求和考虑他人的意见，但很少依赖他人帮助自己做重要的决定。情感自立的人，不受他人思想行为以及评价观点的影响，自己掌握自己的人生，避免为了满足自己的情感需要而依赖别人、向别人妥协。情感自立的人，是自由、自愿而非迫于无奈而去达成期望、承担责任，既满足愿望又不成为愿望的奴隶。

情感自立取决于自我价值认知和内心力量的强度，同时与“自我肯定”、“边界设定”等情商技能相互影响。情感自立是真正的自由意志的体现。

在职场中，“情感自立”是职业人的基本素质和要求。既“自立”又“合作”，是高效团队的保证。在组织中，一些岗位尤其需要“自立”的员工，比如销售、外科医生、律师、项目经理。而在特别需要合作的岗位上，例如客户服务、流水线员工则需要适当控制自己的独立性，完成工作的配合。

有效的“情感自立”能力在职场的表现

自食其力；

既能为自己着想，又能考虑他人的意见；

独立性的员工可以自我指导，因此可以被授权独立开展工作；

自己做计划，做决定，付诸行为。

“情感自立”能力不足在职场可能的表现

经常跟随，不带头；

需要让别人交代该怎么做；

需要别人拿主意；

感觉到需要别人，而非被人需要。

“情感自立”能力使用过头的表现

习惯于自己安排，不喜欢被“控制”；

过于关注自己是否被约束，不能忍受规则；

不喜欢被帮助；

可能被认为是不好合作的人。

六、情商测一测

情感依赖的自测

和他（她）在一起的时候，不停地说自己的事，好像汇报工作；

一直坚信，自己对他（她）的爱是不可取代的；

最近，除了他（她）以外，你几乎不跟其他人一起出去玩；

需要了解对方的行踪，非常想知道他（她）在做什么；

强烈希望他（她）时时刻刻想着自己；

因为怕错过他（她）的短信，不断地看手机，连睡觉时也把手机放在枕边；

在面临选择的时候，总是想先得到他（她）的建议和保证；

独处时经常被“遭人抛弃”的念头所折磨，竭尽全力逃避孤独；

经常会觉得别人做事会针对自己，伤害到自己；

害怕他（她）跟别人更亲密，或被别人抢走了，害怕他（她）和别人站在同样的立场上，一起针对你；

过度容忍，为了维持你们的关系，做了很多违背自己意愿的事；

有一件事，虽然计划了很久，但迟迟没有开展，实际上你心里并不太想独立实施这个计划；

很容易因为他（她）对你的评价而受到伤害；

当亲密关系突然终止，你觉得自己无助得近于崩溃。

说明：

假如在这些症状里具备3条以上，你有情感依赖倾向，你的独立性容易受到质疑；

假如你有5项以上，那么你需要对自己情感依赖的问题进行有针对性的训练和成长。

第四课　自我实现

正心、修身、齐家、治国、平天下。

——《礼记·大学》

一、为铁饭碗估值

考碗族，是指当下到处参加公务员考试，不考取职位誓不罢休的一群人。因为公务员在中国素有“铁饭碗”之称，所以这群执着的参考大军，也被形象的称为“考碗族”。“考碗族”的群体逐年爆炸式的增长，从 2003 年的 8 万多人，增长到 2011 年的 103 万人，而政府提供的职位数目仅由 5400 个增加到 1 万个左右。“考碗族”的录取比例由 2003 年的 16：1 跌至 2011 年的 87：1，竞争激烈程度远远超过了高考、考研，形势犹如千军万马走独木桥。

在一些国家，由于公务员待遇偏低，并不是大多数人的理想职业。美国联邦审计总署对几所大学的调查显示，美国大学生对公务员职业的兴趣普遍不高，愿意报考公务员的只占被调查者的 3% 左右。公务员制度在一定程度上是针对弱势群体的福利制度，学历不高、身有残疾以及年龄不占优势者，都可以通过考取公务员获得一份相对稳定的职业。与国外参考公务员的人群不同的是，我国参加公务员考试的人群往往属于高素质、高学历、“年轻有为”的群体。

这一群风华正茂、素质优秀的年轻人们，疯狂的追逐这样的一个“饭碗”，究竟是为了什么？在这个“饭碗”里，又有着他们怎样的人生前程呢？

就业难是当今一个突出的社会问题。有数据表明，每年有上百万大学毕业生无法找到工作。于是除了考研、出国，“考碗”成了一个非常有吸引力的就业出路。

有记者随机采访了参加公务员考试的50位参考者，询问为什么“考碗”。几乎所有的人都回答两个字：“稳定”。他们普遍认为公务员工作稳定，福利待遇好，收入逐年升高，医疗、养老都有保障，没有失业压力。“稳定”的魅力是“考碗族”迅速壮大的最主要原因。

房奴、蚁族、北漂，青年人的城市梦艰难无望，“白领”也已不再是一个有着贵族气质和优雅感觉的名词。对于关注自身社会地位和身份感受的考碗族来说，他们不仅关注工资、住房等有形收益，还关注社会地位、声誉等隐性价值。

“铁饭碗”究竟价值几何？“考碗”对于我们人生的意义究竟是什么？我的价值如何在工作中实现？在追求“铁饭碗”的道路上，我们得到了什么，又将会失去什么？有关这些问题的思考和践行，都与“自我实现”这一情商能力密切相关。

二、从心而动，追梦顺风

（一）听从内心真实的声音

你曾经非常认真的问过自己以下的问题吗：

在我的人生中，我最想得到的是什么？

在我的一生中，我能想象自己做出的最了不起的事情是什么？

我的天赋是什么？我做什么最拿手？

做什么事最让我激动？

我这一生的使命是什么？我这一生要从事的那件有意义的事是什么？

奥普拉·温弗瑞，当今世界最具影响力的一名黑人妇女，出身贫寒，长相平平。作为一名黑人，更为当今世界上最具影响力的妇女之一，她主持的电视谈话节目“奥普拉脱口秀”，平均每周吸引3300万名观众，她占据着《福布斯》

2005 年度“百位名人”排行榜的头把交椅，建立了自己的财富帝国。当她向观众讲述了自己的个人奋斗史时，她说：“生活往往有一种巨大的惯性，让人们在现有工作面前安分守己，不思进取。此时我们应该问一问自己的内心，这是否是你想要的工作，什么工作才是最适合你的，然后听从自己内心深处的呼唤。”

柳诗，在国外学习漫画设计。留学归来，在父母亲的安排下，托关系进入一家事业单位做行政工作。父母亲的理由是：这个工作很稳定，适合女孩子。可是，柳诗还是喜欢画画，无法放弃她的画笔。于是，她开始兼职帮助一些杂志画插图，热心于帮助一些朋友设计名片，自己还画了很多漫画放在微博里。慢慢地，她的名气越来越大，接的“私活”不断增加。相比之下，工作自然就是不上心了，晚上加班干私活，上班只有补瞌睡。甚至，上班时间也偷偷的“开私工”了。领导、同事看在眼里，工作岌岌可危。柳诗最终勇敢地做出了选择，成功签约一家著名的手机漫画厂商。做了签约设计师的柳诗，如今已经在开始筹划她的第一本漫画集。

靳晓辉，大学毕业到互联网公司做销售。因为业绩优秀，被一路晋升为销售经理、销售总监，一名青涩的少年成家置业，开始了比较稳定的生活。很多人以为，他的职业发展就该这样一路进行下去了：做销售总监，做销售副总，甚至拥有自己的销售公司。然而，晓辉没有这样继续他的职业发展。他一直热爱历史、人文与地理，钟爱旅游，喜欢广交朋友。在大自然里，他总能找到自己真正心灵的释放；在“驴行”的路上，他总能与同伴一起唤回生活的激情。工作 10 来年间，他始终没有放弃这个爱好。2011 年，靳小辉放弃了销售总监的生涯，组建了小毛驴（北京）旅行者俱乐部，开始把他热爱的自助旅行作成了生意。以前的老客户一呼百应，都成了俱乐部的会员，每次旅行，都有来自五湖四海的驴友，最远的来自西雅图。各种肤色、各种方言，因为共同的旅行，找到了心的连结，远离城市的喧嚣，亲近自然，“干干净净”地旅行。一路下来，大家也结下了深厚的友谊。10 年来，在商场摸爬滚打的生意经一点没浪费，他轻松就谈妥了汽车厂家的车辆赞助、各地商家的吃住合作，投资商也开始和他密切接触，而他也真正沉浸在每一条线路的设计中，每一次出行，都成了他一次完美的圆梦之旅。他的老领导说：“晓辉，这事你一定能干成，一看就是你想干的事！”靳晓辉说：

“30岁之前，我做的都不是我热爱的，我一直很压抑，活得根本不是我自己。然而，我也感谢这些经历，让我和今天的梦想相遇！”

在生活中，我们都曾迷茫过。起初，我们并不懂得什么叫职业规划，并不了解自己，不知道该如何选择自己的路。很多时候，我们会按照父母的安排、社会的期许而被动选择，却又在内心跃跃欲试着另外的可能；更多的时候，我们冲上了一条人生的高速公路，为“生计”、“身份”、“地位”、“荣耀”奔忙，甚至不能停下来仔细问问自己，我快乐吗？我究竟想要什么？而当我们听到了内心那个呼唤的时候，我们是否会相信自己，真的可以！

停下来，听听自己内心的声音。

（二）追梦要顺风

2012年6月7日，高考第一天。早上8时10分左右，在长沙新姚路与友谊路交叉路口斑马线附近，一位母亲送高考女儿过马路，一辆黑色大众车突然撞上母亲，将其撞飞十多米，倒在血泊中，头部流了不少血，伤势严重。在交警和路人的安慰劝说下，女孩含泪答应先参加考试。？对于母亲的伤势，父亲并没有告诉女儿实情，也表示不会在高考期间带女儿去医院探望妈妈。事后，记者了解到，这个孩子考试还算正常发挥，大家纷纷说，这是一个坚强的孩子。

然而，这个事件引起了网友的争议。有人说：“难道我们不知道自己生命中最重要的是什么了吗？”“如果妈妈有事，她会终身遗憾吗？”也有人说：“妈妈知道了，也会让她去高考的，这才是妈妈希望的。”还有人说：“别在那里说爱唱高调了，对于我们来说，人生的机会只有这一次。失去了就没有了，只能坚强！”

这份人生的“坚强”背后，有着怎样的一份含泪的“悲壮”？不仅是高考成为了我们“坚强”的风景，在社会中，各种各样悲壮的“坚强”数不胜数。我们“漂”着、“奴”着、“蚁族”着，在追求未来的道路上，用尽了各种“坚强”。

坚强地挺过了高考，再坚强地应对“职场”，职业路上也是考场无数。我一定要获得这个职位，我一定要不断晋升，我一定要在这个城市里拥有“一席之地”，所以我只能不断加班，我只能“过劳”，没有时间抬头看一眼蓝天。

然而，我们真的别无选择吗？

在这份“坚强”的背后，你是否看到了你的不安、你的恐惧？因为你害怕求职的压力，所以选择继续考试读研、“考碗”；因为你恐惧没有出路，所以拼命地向上爬。还有你那贪婪的欲望，因为你渴望被认可，所以你过度工作；因为你渴望被尊重，所以你要考碗，用这个“碗”来代表你的身份感受；你宁愿被“奴”着，而换来一个昂贵的“住所”，因为有了这个房子，你才能获得在这个城市里一份安全的身份感受。

这些恐惧和欲望，像你内心无尽的“黑洞”，等待你去填满，于是你逆着风、含着泪，为了逃避恐惧，弥补缺失的感受，“坚强”着跑个不停。

然而，真正的自我实现，是顺风追梦。

湖北小伙甘相伟，在广水农村长大。2005 年，由于高考分数不高，甘相伟考取了武汉长江职业技术学院。甘相伟虽然只是读了一个技校，可是他来到了武汉，很开心。他说：“武汉有武大、华科这些好的大学，我们学校离得又近，又有同学在那里，他们的课和讲座我想去都能去听，他们看的书我都能看。”甘相伟很自豪地笑着讲这段经历，“经常站在杨叔子（中国科学院院士）旁边的人就是我。”

2007 年，甘相伟辞掉原来的语文老师工作，进入北大当保安。他很热爱这份工作，并且一直享受能够去学习的环境，他一有时间就去听讲座。一年以后，甘相伟通过成人高考，考取了北京大学中文系。2011 年 12 月，甘相伟把自己求学和生活的经历写了出来，并装订成册，取名为《行走在未名湖畔》。他还勇敢地给北大校长周其凤发邮件，希望周校长能为自己的新书写序。周校长欣然答应，新书很快被出版。甘相伟如今再次为他的梦想进发了，他希望在教育上做一点事，理想职业是中小学语文老师或者辅导员。他说，他会鼓励孩子们按自己的兴趣发展。

甘相伟也是这座大城市里一个渺小的打工者，然而与“漂”着、“奴”着、“蚁族”着的人们不同的是，他的精神一直是快乐而自由的，他的梦想一直是甘甜而纯粹的，他人生的奔跑是幸福而充满意义的。

自我实现不是在痛苦的过程中“逆风”而行，而是要迎着太阳，顺风追梦。

三、将自己的发展置于企业的发展之中

员工自我实现的能力是公司成功的核心。斯坦和布克为撰写《情商优势》（*the eq edge*），运用 EQ–I 对来自不同行业的 5000 名在职人员进行了研究。结果发现，促进全面成功的前 5 种要素中，第一个就是自我实现。员工的自我实现和企业发展密切相关。

在职场中，我们绝大多数的时光都是和一个企业共同度过的。我们人生自我实现的过程，离不开与企业和谐共赢的成长。如何选择企业，在企业中寻求发展，是员工职业规划的重要部分。企业是我们自我实现的重要载体，企业和我们的关系，就如水和鱼。如何选择合适的水域，如何顺势而为，是我们在职场中自我实现的重要话题。

谈起与企业一起成长，就不能不说说杨元庆。

1988 年 5 月，联想第一次公开招聘员工，杨元庆作为 500 名应聘者中的一位，进入联想公司。杨元庆是学习技术的研究生，但也要和其他人一样从最基础的销售工作做起，进入联想公司的前三年一直默默无闻。

联想“传统”的企业文化，很适合杨元庆这样低调、肯干、“听话”的员工。他坚持每天骑着自行车在北京一家公司、一家单位地推销联想所代理的产品。

经过四年踏实的工作，他成为联想的销售状元。1993 年，杨元庆荣获美国惠普公司全球最佳代理商奖。之后，29 岁的杨元庆于 1994 年就成为了联想 PC 部的总经理，成为联想的核心管理者。1994 年，联想集团组织机构进行变革，成立了集产、供、销于一体的联想电脑公司，不到而立之年的杨元庆出任总经理。2001 年，杨元庆出任联想集团总裁兼 CEO，成为联想新的掌门人。

杨元庆肯于“赢得老一辈人认同”的人生哲理，让他在联想的发展极为顺利。尽管他也许放弃了一些自己的想法，放弃了一些新鲜的尝试，然而，他得到的是一条通向成功最快捷的道路。

无论你跟一个企业“从一而终”，还是与多个企业结缘，完成不同阶段的成

长，将企业和自身的成长规划结合，寻找自己的个人事业目标和企业目标的结合，对于我们的自我实现都是非常必要的，也是意义重大的。

有一些念头，会破坏我们在企业实现成长的机会。

不过是打工赚钱，出卖劳动力拿报酬。

这在当下似乎很“流行”，个人与企业是简单的利益交换关系，甚至有人说，这就是市场经济嘛。可以想象，一个最高理想就是“用劳动去交换”的员工能否拿出一个充满创意的设计作品？一个“用劳动去交换”的员工能否发自内心地为客户服务？

一个“用劳动去交换”的员工，可能会斤斤计较自己的得失，斤斤计较自己的工作范围。一个什么事都要问问多少钱的员工，是否能从工作中获得快乐和满足？这样的人即使拿到了钱，又能够有能力拿钱买到自己的快乐吗？同样是在意自己的收入和报酬，珍惜自己价值的人和出卖劳动力的人，是两种截然不同的感受。珍惜自己价值的人，也会珍视同事、客户和企业的价值。他们与企业共同创造价值，获得物质与精神的双重收获。

一个只是想着出卖劳动力的员工，是无法与一个珍惜员工的企业相遇的。同样，一个企业如果充斥着所谓“交换”的哲学，那么这个企业也不会吸引到真正优秀的人才，迟早会被市场所淘汰。

先找一个试试。

目前的就业形势并不乐观，特别是对于一些刚毕业的年轻人来说，“先找一个试试”的想法并不少见。其实找工作，和找对象有时候很相似，那就是无论你“试”多长时间，你都会付出精力和时间。这些时间对于你也是非常宝贵的，而我们所经历的每一份工作，都会对我们的人生产生影响。特别是你的第一份工作，它将直接影响你对职业的态度，甚至影响你今后的工作习惯。我的一个 HR 朋友，40 多岁了，一直保持着上班早到半个小时，当天工作当天做完的工作习惯，她说这就和她最初在华为工作养成的习惯有关。每一份工作，都会对你的人生留下印记，不反对试试工作，想好了再去试，要认真用心地去试。

不行就换一个。

现在换工作好像已经不是一个复杂的问题了。在工作中遇到困难了，看到公司管理的问题了，拂袖而去是一些人的作风。可是换了一个工作，他们又发现，新的问题出现了。于是换来换去哪里都不会满意。盲目的、不明不白的分分合合，不仅会给自己的职业履历涂上尴尬的记录，也会让自己增加很多无谓的消耗。特别是，如果是因为遇到困难我就要离开，这样的做法不值得提倡。如果你遇到的困难是我无法和上司沟通，那么，请别幻想你可以通过跳槽找到一个好沟通的上司。如果你不能在当下的公司解决某种问题，去了其他的地方，类似的问题依旧会发生。桑塔纳开不好，就能开好奔驰吗？怀着愉悦的心情，怀着对旧雇主的感谢，然后“纵身一跳”，才是有价值的一跳，因为自己业绩优秀的一跳，才有可能是上了台阶的一跳。因为抱怨，因为不满意，因为怀才不遇的跳槽，往往走进原地踏步的循环。

找一个大企业就保险了。

在中国，有很多人想进入大企业、大公司，认为这样就等于把未来锁进了保险箱。孰不知，大企业内部也是竞争激烈、暗流涌动，这个大环境里，和外面一样面临着各种各样的问题。诚然，大企业相对有较稳定的福利待遇，但同时，大企业内部组织架构相对稳定，晋升空间机会相对较少，实在是各有利弊。在当今的社会里，没有绝对“稳定”的环境，任何环境都需要我们不断地提升自己去适应。

你的成功，需要一个平台。找到它，感谢它，与它一起成长。

四、擦亮你的招牌，职场通行无碍

所谓个人品牌，就是一个人的行为、品德、个性，特有的能力、形象气质所构成的，特有的、区别于其他人的职业形象。

在职场中的自我实现中，品牌是通行证。在猎头的“菜单”里，每个行业都会有一些资深人士，他们拥有优异的专业技能，对某个领域某项技术深谙其道，同时，他们有着良好的职业口碑。他们无疑已经树立起了个人品牌，这个个人品牌已经成为他们的职场通行证，让他们能够在各个雇主之间通行无碍。

品牌是价目单。打工皇帝，打工女皇不断涌现，他们的个人品牌已经和薪酬状况直接挂钩了。如同职业球员、演艺明星的转会一样，品牌就意味着身价。

品牌是广告语。在职业发展的道路上，个人品牌的打造直接和个人的职场定位密切相关。“我是谁”，“我的关键词”是什么，突出的是自己的某项职业优势，亮出的是自己的核心竞争力。

品牌是信用证明。马云创造了无数财富神话，无论获得投资还是投资他人，无不与其个人品牌的经营和信誉关系重大。

在国外，人力资源公司 Kelly Services 通过对加拿大地区 1.5 万名员工开展调查发现，通过发展个人品牌来自主控制自身职业发展路径的加拿大员工数量成明显上升趋势。“越来越多的加拿大人更多地开始思考着怎样提升自己的个人品牌并变得更加杰出”。

在国内，职场品牌的打造在自由职业者这一群体里体现比较充分。他们在职场中更加重视自己品牌建设和营销，通过形象包装、网络推广，适宜地参加公关活动等形式，不断加强自己的职业竞争力。在这股风潮的带动下，越来越多的职场人士也开始纷纷关注个人品牌的建设。

树立自身的职场品牌，基于对自己的特点有一个深刻的认识。我们可以通过回答以下问题，了解自己区别于他人的职场风格所在，盘点自己的职场筹码。

1. 你有哪些优质的职业背景?

2. 你最核心的职业能力是什么?

3. 你最有魅力的个人性格特点是什么?

4. 你最擅长和最喜爱的工作是什么?

5. 别人有难题时，会第一个想起你吗?

6. 你对组织、对社会最大的贡献是什么?

树立自己职业品牌的过程，是一步步积累自身资源的过程，也是一步步经营自己江湖地位的过程。打造品牌，不能一蹴而就。运用心理效应，紧紧抓住职场的眼球，轻松树立起自己的职场品牌吧!

首因效应，没有第二次机会的第一印象。

首因效应，是人与人第一次交往中给人留下的印象，在对方的头脑中形成并占据着主导地位的效应，俗称第一印象。我们在职场中，给雇主、给客户、给同事留下的第一印象非常重要。在初次接触中，我们就需要把自己的职业形象旗帜鲜明地展现出来。

视觉效应，可视化的印象管理。

向受众直观、生动、形象地传播印象，从而使受众简明便捷的接收且记忆生动深刻，称之为视觉效应。视觉效应告诉我们，别人看到什么很重要。我们的职业着装，我们的一张名片，我们的办公桌如何布置，我们的表情手势，都在传递着重要的信息。

权威效应，给自己的职业能力充电。

让自己成为某个领域的权威，让自己的某项专业能力处于领先水平，让自己成为某项技能的专家，这是一个非常简单有效且非常牢靠的品牌管理策略。

刻板效应，打造一个属于自己的关键词。

刻板效应，又称定型效应，是指人们用刻印在自己头脑中的关于某人、某一类人的固定印象，以此固定印象作为判断和评价人依据的心理现象。如果你有一个属于自己的独特的优势，你不妨让它在别人心目中“刻板”下来，一提起某个关键词就会想到你，一提起你，就想到某个关键词，这将成为一个非常有利的竞争优势。

接触效应，适时的为自己曝光。

接触效应又称曝光效应、多看效应，指的是我们会偏好自己熟悉的事物。你可以参加行业聚会、专业沙龙，加入某些群体组织，有目的的在一些场合让自己不失时机的曝光。正所谓混个脸熟很重要。

光环效应，对重要项目重点投入。

某项重要事件，会对人们的印象起到不可忽视的作用。对于一些重要项目、重点会议、重要场合，你要额外地关注了。漂亮地完成一些经典任务，取得一些可圈可点的工作成果，将成为你未来职业道路上的谈资，为你加分。

睡衣效应，选择有品牌的雇主。

睡衣效应也称狄德罗配套效应，是说有人送了你一件高级的睡衣，你穿着走在家里，就发现，哎呀，我的旧地毯似乎要换掉了，这地毯和我的睡衣是多么不匹配啊。树立自我职场品牌，也要考虑到身处的环境是否和我们想要建设的个人品牌匹配。物以类聚，人以群分，选择优质品牌的雇主，也可以为我们的个人品牌增值多多。

破窗效应，关键时刻不能露怯。

一个房子如果窗户破了，没有人去修补，隔不久，其它的窗户也会莫名其妙地被人打破；一面墙，如果出现一些涂鸦没有被清洗掉，很快的，墙上就布满了乱七八糟、不堪入目的东西。“千里之堤，溃于蚁穴”，不及时修好第一扇被打碎玻璃的窗户，就可能会带来无法弥补的损失。同样，你的职场品牌一旦出现瑕疵，需要及时修复，否则后患无穷。

相似效应，向某一知名品牌靠拢。

最简单的就是模仿喽，如果你还是一个职场菜鸟，品牌建设才刚刚开始，不妨就找到一位你向往的理想的职业人士——当然，他最好是具备知名度，美誉度都颇高的职场品牌。你向他靠拢就好了，先模仿，再创造，事半功倍何乐而不为呢。

当你已经不再需要通过投简历来找工作，恭喜你，你的职场品牌已经初步打造完成了。

当你开始频繁接到某个行业或某个同类岗位的猎头电话，恭喜你，你的职场品牌定位在逐步清晰了。

当你的名字已经开始和你的薪酬身价挂钩，啊哈，你的职场品牌已经开始焕发出生命力了。到那个时候，升职、加薪已经通通是太 OUT 的话题了。你已经可以获得真正的职场自立了。

期待吗？那就快快行动吧！

五、情商加油站

“自我实现“，是一份对成长的坚持。自我实现意味着最大限度地开发自我的能力、天赋和潜能，全力以赴追求有意义、丰富和充实的生活。自我实现是一个持续和动态的自我完善进程，意味着用毕生的努力，坚持不懈、满怀热情地投身于长期目标。自我实现是竭尽所能地成为自己所期望的人。充分地、活跃地、忘我地、享受的、集中全力、全神贯注地体验生活。自我实现关系到自我满意感和幸福感。有健康的自我实现能力的个人，对于自己在生命的高速路上所处的位置（私人生活，职业和金钱目标）感到满意。他们丰富、充实地生活，开发令个人享受和有意义的活动。

情商专家巴昂博士在 2001 年的研究中发现：自我实现这一情商在应用过程中，会整合其他很多情商技能，共同发挥作用，充分调动自己内在的“情感”资源。自我实现与快乐、乐观、自我价值、情感自立、问题解决，乐群利他，自我肯定，情感觉察等多项情商技能密切有关。这些情商技能都将被“自我实现”唤醒。同时，在它们的帮助下，使“自我实现”发挥到最极致的效果。

有效的“自我实现”能力在职场的表现

实现自己的天赋和潜能，竭尽全力去做想做且愿意做的事情；

良好的自我驱动力，不断努力改善个人绩效；

能够将生活的经验融入工作中，因而会有更多的贡献；

从事有趣有意义的活动；

追求你选择的有意义和富有、丰满的生活。

“自我实现”能力不足在职场可能的表现

感觉不到在实现你的潜力和特长；

生活有时缺乏意义和目的；

许多活动对于你来说，体会不到乐趣和享受；

你重视舒适、稳定而非成长；

你所从事的工作让你没有动力去做，或者无法让你体会到兴奋。

“自我实现”能力使用过头的表现

你太沉溺于对你有现实意义的东西，导致你不愿意去参与你不感兴趣的但很重要的活动；

你太过于追求某一方面的“实现”，而不能保持整体生活的平衡。

六、情商测一测

职业价值观测试量表

说明：下面有52道题目，每个题目都有5个备选答案，请根据自己的实际情况或想法，在题目后面圈出相应字母，每题只能选择一个答案，通过测验，你可以大致了解自己的职业价值观念倾向。

A，非常重要；　B，比较重要；　C，一般；　D，较不重要；　E，很不重要；

1. 你的工作必须经常解决新的问题。	A B C D E
2. 你的工作能为社会福利带来看得见的效果。	A B C D E
3. 你的工作奖金很高。	A B C D E
4. 你的工作内容经常变换。	A B C D E
5. 你能在你的工作范围内自由发挥。	A B C D E
6. 工作能使你的同学，朋友非常羡慕你。	A B C D E
7. 工作带有艺术感。	A B C D E
8. 你的工作能使人感觉到你是团体的一份子。	A B C D E
9. 不论你怎么干，你总能和大多数人一样晋级和长工资。	A B C D E
10. 你的工作使你有可能经常变换工作地点，场所或方式。	A B C D E
11. 在工作中你能接触到各种不同的人。	A B C D E
12. 你的工作上下班时间比较随便，自由。	A B C D E
13. 你的工作使你不断获得成功的感觉。	A B C D E
14. 你的工作赋予你高于别人的权力。	A B C D E

15. 在工作中，你能试行一些自己的新想法。	A B C D E
16. 在工作中你不会因为身体或能力等因素，被人瞧不起。	A B C D E
17. 你能从工作的成果中，知道自己做得不错。	A B C D E
18. 你的工作经常要外出，参加各种集会和活动。	A B C D E
19. 只要你干上工作，就不再被调到其他意想不到的单位和工种上去。	A B C D E
20. 你的工作能使世界更漂亮。	A B C D E
21. 在你的工作中，不会有人常来打扰你。	A B C D E
22. 只要努力，你的工资会高于其他同年龄的人，升级或长工资的可能性比干其他工作大得多。	A B C D E
23. 你的工作是一项对智力的挑战。	A B C D E
24. 你的工作要求你把一些事物管理得井井有条。	A B C D E
25. 你的工作单位有舒适的休息室，更衣室，浴室及其他设备。	A B C D E
26. 你的工作有可能结识各行各业的知名人物。	A B C D E
27. 在你的工作中，能和同事建立良好的关系。	A B C D E
28. 在别人眼中，你的工作是很重要的。	A B C D E
29. 在工作中你经常接触到新鲜的事物。	A B C D E
30. 你的工作使你能常常帮助别人。	A B C D E
31. 你在工作单位中，有可能经常变换工作，	A B C D E
32. 你的作风使你被别人尊重。	A B C D E
33. 同事和领导人品较好，相处比较随便。	A B C D E
34. 你的工作会使很多人认识你。	A B C D E
35. 你的工作场所很好，比如有适度的灯光，安静，清洁的工作环境，甚至恒温，恒湿等优越的条件	A B C D E
36. 在工作中，你为他人服务，使他人感到很满意，你自己也很高兴。	A B C D E

37. 你的工作需要计划和组织别人的工作。	A B C D E
38. 你的工作需要敏锐的思考。	A B C D E
39. 你的工作可以使你获得较多的额外收入，比如，常发实物，常购买打折扣的商品，常发商品的提货卷，有机会购买进口货等。	A B C D E
40. 在工作中你不受别人差遣的。	A B C D E
41. 你的工作结果应该是一种艺术而不是一般的产品。	A B C D E
42. 在工作中不必担心回因为所做的事情领导不满意，而受到训斥或经济惩罚。	A B C D E
43. 在你的工作中能和领导有融洽的关系。	A B C D E
44. 你可以看见你的努力工作的成果。	A B C D E
45. 在工作中常常要你提出许多新的想法。	A B C D E
46. 由于你的工作，经常有许多人来感谢你。	A B C D E
47. 你的工作成果常常能得到上级，同事或社会的肯定。	A B C D E
48. 在工作中，你可能做一个负责人，虽然可能只领导很少的人，你信奉“宁做兵头，不做将尾“的俗语。	A B C D E
49. 你从事的那种工作，经常在报刊，电视中被提到，因而在人们的心目中很有地位。	A B C D E
50. 你的工作有数量可观的夜班费，加班费，保健费或营养费。	A B C D E
51. 你的工作比较轻松，精神上也不紧张。	A B C D E
52. 你的工作需要和影视，戏剧，音乐，美术，文学等艺术打交道。	A B C D E

评分与评价：

上面的 52 道题分别代表十二项工作价值观，每圈一个 A 得 5 分，B 得 4 分，C 得 3 分，D 得 2 分，E 得 1 分。

请你根据下面评价表中每一项前面的题号，计算一下每一项的得分总数，并把她填在每一项的得分栏上。

价值观倾向	题号	解读	得分
利他主义	2，30，36，46	工作的目的和价值，在于直接为大众的幸福和利益尽一份力。	
美感	7，20，41，52	工作的目的和价值，在于能不断追求每的东西，得到美感的享受。	
智力刺激	1，23，38，45	工作的目的和价值，在于不断追求进行治理的操作，动脑思考，学习以及探索新事物，解决新问题。	
成就感	13，17，44，47	工作的目的和价值，在于不断创新，不断取得成就，不断得到领导与同事的赞扬，或不断实现自己想要做的事。	
独立性	5，15，21，40	工作的目的和价值，在于能充分发挥自己的独立性和主动性，按自己的方式，步调或想法去做，不受他人的干扰。	
社会地位	6，28，32，49	工作的目的和价值，在于所从事的工作在人们的心目中有较高的社会地位，从而使自己得到人们的重视与尊重	
管理	14，24，37，48	工作的目的和价值，在于获得对他人或某事物的管理支配权，能指挥和调遣一定范围内的人或事物。	
经济报酬	3，22，39，50	工作的目的和价值，在于活得优厚的报酬，使自己有足够的财力去获得自己想要的东西，使生活过得较为富足。	
社会交际	11，18，26，34	工作的目的和价值，在于能和各种人交往，建立比较广泛的社会联系和关系，甚至能和知名人物结识。	
安全感	9，16，19，42	不管自己能力怎样，希望在工作中有一个安稳局面，不会因为奖金，涨工资，调动工作或领导训斥等经常提心吊胆，心烦意乱。	

第五课　边界设定

近之则不逊，远之则怨

——论语

一、隐私有边界

企业和员工对簿公堂，早已不再是讨工资这么简单了。人们关注到，关于企业侵犯员工隐私的官司越来越多。

随着“百络网警”、“第三只眼”等网络监控软件的覆盖面越来越大，关于公司安装“监控软件”代替老板监控员工，涉及侵权的纠纷越来越多。“第三只眼”的监视功能到底能监控到何等地步？通过这些软件功能，企业的管理者或者操作企业电脑终端的人，可以随意查阅员工电脑上的QQ、微博等聊天记录，可以查阅员工的邮件内容，可以知道员工对电脑上的文件进行了怎样的操作，甚至还可以用手机登录该软件来对员工的工作情况进行“遥控”。

企业安装软件本是为了防止公司核心资产、客户信息等泄密，同时为了避免员工利用工作时间开展与业务无关的工作，提升劳动效率。然而，是否提升了劳动效率不得而知，劳资之间的矛盾却由此升温，引发官司的职场隐私事件层出不穷。

顺德区某外企部门经理遭公司解雇，公司称其违反规章制度，当事人却将公司告上法庭，称指控并不成立，并起诉公司私自打开员工邮箱搜集证据做法侵害个人隐私。

马女士在公司电脑中存有照片等涉及个人隐私的数据，因公司以工作需要为由，强行将其电脑硬盘中的数据资料拷贝带走，遂与公司对簿公堂并索赔 100 万元。

《南京日报》报道，某公司将大量“没用”的商务信函卖与废品收购站，却给员工带来不少麻烦，员工经常接到莫名其妙的信件和电话推荐保险。企业被投诉侵犯员工的隐私。

这些案例都为企业敲响了关于管理手段是否越界的警钟。然而，面对企业的“强势”规定，作为“弱势”群体的职员，总会面临要么离开，要么忍耐的两难困境。

随着科学技术的发展，手机 GPS 定位也被企业采用了。虽然开通定位服务的短信需要员工回复同意，但如果不愿接受手机定位，就有可能面临被罚款或劝退，员工又该如何选择?

几年前，指纹考勤机的推行也曾面对热议。据了解，使用这种考勤机的公司，很少正式跟员工签定相关的保密协议。多数企业对指纹信息并无严格保密机制，并且强行将指纹考勤与劳动合同挂钩——员工不愿执行这一考勤方法会被立即开除。

隐瞒婚姻状况，也成为了一些企业开除员工的理由。已婚白领张女士为了工作，入职时在婚姻状况一栏填写了“未婚”。转正后几个月，张女士却因怀孕被公司发现已婚而遭到解聘。用人单位与张女士因为“隐婚”解聘产生的诉讼在朝阳法院开审。

《公务员录用体检操作手册》有关妇科检查的相关细节规定，令很多女性职员十分尴尬，因而受到众多女性职员和法律专家的质疑。有法律援助机构已经向人力资源和社会保障部、卫生部、国家公务员局寄送建议信，建议修改或取消手册中对女性相关妇科检查的规定。

在国外，隐私权相关法律发展相对比较完善，较详细地规定了私人空间不受侵犯，私人空间、私人时间、私人活动、私人权利、私人信息、私人领地、私人物品都列入被保护的范畴。

在我国，对隐私权的保护经历了一个逐渐由弱变强的过程。1986 年，我国《民法通则》并没有规定公民享有隐私权。直到 2009 年，《侵权责任法》第二条正式明确了隐私权是一项单独的民事权益。

中国人对隐私维护的意识也很薄弱。某人力资源网站调查显示，对于生活中的隐私，有33.70%的受访者表示愿意向公司透露大部分隐私，有31.52%的受访者表示会看情况而定，坚决表示不愿在工作中透露隐私的仅占不到三成。

我们并没有太多的隐私保护习惯，一些职场人士对自己的隐私也并不避讳。调查显示，“会向关系很好的同事透露个人隐私”和“对同事很少保留隐私”的分别占54.35%和4.35%，共计占58.70%；还有14.67%不知道如何处理；只有26.63%的职场人士绝对不会向同事透露个人隐私。

对于隐私的开放程度、保护程度，都涉及心理学或情商学中边界设定的问题。

边界设定的情商能力是指关于我们如何界定私人空间，根据关系的不同，自主决定在多大程度上开放私人空间，对于自我的身体、空间、时间、活动、权利、信息、物品、财产，怎样不被他人控制的处置原则。

边界设定是一种把自己和他人区分开来的能力，是自主地决定关系和距离，确定自己的角色和位置，保持自己独立不受侵扰的能力。

职场中，企业如果想进入、监控、甚至管理私人生活，那么需要履行什么样的程序，付出什么样的代价，这些都与我们的边界意识有关。

二、拒绝以爱的名义侵犯

在中西方的文化背景差异下，中国人对待边界的意识和外国人差异很大。

一个老外在微博上发布的娶中国媳妇的痛苦呻吟，很有趣、也很能说明中西差异。

——一旦你娶了中国太太，就等于娶了她全家。不到半年，她爹、她妈、她二姐、她二姐的孩子就排着队全来了……

——一旦中国人占领你家，你就别想有隐私了。某天我正坐在马桶上方便，老岳父推门就进来了，一边洗手一边和我练英文：“How are you? And you?”（毫阿油？按得油？）

——我有时在书房沙发上看书睡着了，老岳母就像猫一样摸到我身边，往我腿上扔一条被子，然后在我腿上拍一遍。好几次都拍错了地方……

——在我自己家里，不论我走到哪，都发现老岳父或者老岳母或者他们这一对组合总是跟着我，我前边走，他们就在我后面关灯。基本上我走过的地方，身后都一片黑暗。

——中国太太天生有一种改造男人的使命感，她不但要改造你，更想占有和支配你的全部时间。怪不得中国出不了哥伦布那样的航海家，因为你还没出海，太太就问了：“到哪去？跟谁去？船上有女的吗？多大年纪？长什么样？有我漂亮吗？怎么认识的？”男人只好说：“得，得，我不去了。”

这通通都是老外感觉到自己的边界遭受侵扰而带来的烦恼。他的身体，他的行为，他的住所空间都已经不再属于他。

而中国人的边界意识是以家庭或者集体为单位建立的，家丑不外扬，关起门来我们就是一家人了。你们老外是一人一个房间长大的，我们可是一家人挤一个大通铺过来的。我们中国姑娘嫁到外国也不习惯啊，就像杨二车娜姆曾说，打开冰箱拿个桃子，都不知道是他妈妈的还是我自己的。

随着经济的发展、社会的开放，人们自主意识和个性化的觉醒，这些隐私和边界的问题，在家庭、在职场，都越来越受到人们的关注。古人说，近之则不逊，远之则相怨，讲的就是这个边界问题。

是亲密，还是侵犯？是亲如一家，还是彼此侵扰？以下看看我们身边是不是也在发生这些“以爱的名义”进行侵犯的事件。

（一）凑近乎

中国人好个热闹，有些人更是天生的自来熟，不见外，别人的私人空间，不请自入。相识几分钟就勾肩搭背，电话说个不停，不问人家是否时间方便，不经过人家同意，就要跟着参与私人团体活动，看别人书信日记，私拆别人的包裹，使用暧昧的称呼，给别人送一些涉及隐私或具有性暗示的礼物。

职场中，你认为别人的工位是他人的私人空间吗？下班后张罗个聚会，是否考虑占用了别人的生活时间？那些内向的员工，是否被要求亲如一家？

凑近乎之前，还是要想一想，对方的边界在哪里。

（二）好打听

中国人好打听。在家里，父母好打听，你最近在做什么工作啊？交了什么朋友啊？你们老板是何等样人？你和你老公有没有避孕啊？打听的内容包罗万象。赵本山演的小品里有句台词，孩子是我的，看他的信就相当于领导审查工作了。

所以中国的领导，也不觉得打听是个问题。你下班了都干什么啊？你是不是谈恋爱了啊？你家里人是做什么工作的啊？你今天都干吗去了啊？

同事之间也是一样。你这衣服从哪买的啊？你老公（老婆）挣多少钱啊？你们家住哪啊？你们家孩子谁带啊？

这些我们都习以为常的打听，茶余饭后的主要谈资，不经意间，也许会触犯别人的边界和底线。

（三）为你好

是不是有人把他们认为最好吃的饭菜也都夹到你的碗里呢？是不是有人邀你出游，却安排了你根本不喜欢的娱乐活动？是不是有人送了一个你根本不喜欢的礼物，却被别人声称，送给你的是他眼中最珍贵的东西。甚至有人会说，我的方法是好的，我的观点是对的，你要照着我这个来。

我们往往会按照自己的想法和需要，去对待他人，或者认为，那也是别人所需要的、所喜欢的、所看重的，用一句“我这都是为了你好”，强行进入他人的边界。

（四）全包办

还有一种侵犯边界的方式，和苦肉计类似，就是把人家该干的活全干了，把人家该做的事全做了，伺候你个生活不能自理。然后，自己满足地享受那种被需要的感觉。

与之完全相反的，就是活生生的赖上你。跟着你，指望着你，你的就是我的，我的还是我的。像膏药一样贴住你，你的行踪得告诉我，你的计划我得知道，我有需要你要出现。我用不能自理，让你寸步不能离。

这些侵犯，往往都有一件美丽的外衣，让被侵犯者苦不堪言。想想看，你是否也由于自身情感的需要，而以爱的名义对他人实施了侵犯呢?

边界维护了我们的自主，帮助我们在自由的空间里不受侵扰，放松情绪情感，有利于让我们达成有效的自我评估，保护人际关系。树立起边界意识，在当下的社会越来越成为重要的情感能力。

三、设立你的底线

人与人的关系，存在一种心理的距离。因为距离的不同，而有着不同的边界和不同的相处原则。

人们的关系随着心理距离不同，由近及远可分为亲密关系，信任关系，社交关系（见图 5.1）。

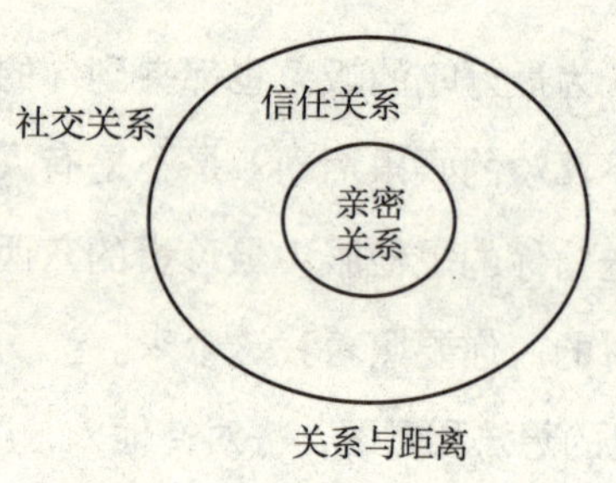

图 5.1　人际关系与心理距离

（一）亲密关系

通常是最密切的私人联系，是通过很深的互相了解和认知形成的一种互相熟悉和喜欢，彼此依恋的关系。亲密关系的双方拥有归属感，彼此开放更多的隐私空间，可以使各方放心地披露内心深处的想法和感受，甚至和道德、性相关的隐私及情感。要发展一个亲密关系，通常要耗去可观的时间（可能是几个月、几年而不是几天、几小时）。亲密关系可能的角色有家庭成员，配偶，性伴侣，知己，兄弟手足，朋友，重要他人。

（二）信任关系

是基于情感的认同而产生的人际关系。在人际关系中，信任关系双方彼此认同，相互支持。对同伴取得的成就感到自豪，为能够协作实现目标感到发自内心的喜悦。信任关系不一定像亲密关系那样开放更多的个人隐私，不一定产生归属和深切的依恋，然而却可以给与彼此稳定而有力的支持。

（三）社交关系

是基于实用性的关系，多存在于业务关系、工作关系之中，是在人们为了满足社会交换的需要而开展的社会活动中产生的关系。良好的社交关系，也需要彼此友好，互惠互利。在三类关系中，社交关系对隐私的开放度最低，甚至可以不开放自己的隐私。在关系的稳定性和情感质量上，也明显不如前两种关系深刻。

亲密关系、信任关系和社交关系的区分，没有绝对的分水岭。对于不同的关系，每个人都有自己的定义标准，也有自己的处理原则。有的人对亲密关系的要求非常高，在他们心中，那种灵魂的知己可遇不可求。有的人社交关系的范围非常大，但是不太和他人产生情感往来。有的人信任关系建设的非常好，有很多志同道合的朋友或追随者。不同的人对于关系的理解也不尽相同。

无论是亲密关系，信任关系，还是社交关系，我们都应制定相应的原则和底线，以界定边界。在人生中，我们会面临很多选择和决定，在坚持和放弃之间，原则和底线就如指南针，就像大海航船的舵，帮助我们把握方向。

亲密关系的要素包括：

1. 你在什么环境条件下，对什么样的人会开放全部的隐私；
2. 你发生性关系的原则是什么；
3. 哪些隐私是你不对亲密关系开放的；
4. 在你的亲密关系里不能接受的是什么，你的底线是什么。

这些原则，不一定与亲密关系对象全部沟通，但是关于底线的部分，需要向对方说明，并坚决执行。

信任关系的要素包括：

1. 你信赖一个人的前提和原则是什么；

2. 你如何定义朋友；

3. 信任关系中你的财务往来原则是什么（如：朋友之间是不是借钱，是不是能做生意）；

4. 哪些是你在信任关系中可以包容的，哪些是你不能接受的。

这些原则需要与你的信任关系的对象进行良好的沟通，需要你们去交换相互的原则和边界。所谓，道不同不与为谋。

社交关系的要素包括：

1. 你对社交的礼仪和原则；

2. 你对于职场，对于生意的应对原则；

3. 你擅长和什么样的人打交道，不喜欢和什么样的人合作；

4. 在具体的环境里，你坚持的部分是什么，你能放弃的部分是什么。

社交关系的原则，是三种关系中最具弹性的，需要因地制宜。

我们每个人都无法“独立”地生活在这个世界上，都需要外界他人的支持，这些支持不仅是物质上的、资源上的、专业上的，更体现在彼此情感的温暖和支持。

小刺猬们在冬天，希望能够凑到一起取暖，可是离远了他们会冷，离近了又会彼此伤害。这是在讲人际关系中非常重要的“距离”。

边界太僵化，容易造成人与人之间的隔阂，互相疏远，关系变淡，缘分殆尽；边界太模糊，会丧失彼此独立的空间，让人窒息，又容易造成彼此之间的侵扰和伤害。

（四）小游戏：我的支持系统清单

现在请你拿出一张白纸。

在白纸的正上方，郑重的写下这样一行字：我的支持系统。

在白纸上画上三个圈：亲密关系、信任关系、社交关系。

然后，在三个圈里，分别写下你关于这类关系的原则。

接下来，请你闭上眼睛，慢慢地放松一下，然后把所有你认为可以对你有帮助的，能够支持你，给与你精神力量的人，都请到你的“脑海”里来。

每当你的“脑海”里浮现出一个人的面孔，就请你把他（她）的名字，或者你对他（她）的称呼，写在白纸上；在这三个圈里根据他对你距离的远近，给他寻找一个位置。

OK，就这样一个又一个，想到了谁，就写下他（她）的名字，不必一定有先后的次序，想到哪，写到哪里就好。

给自己 10 分钟的时间，认真的写下这些名字。

OK，你确定已经写好了，那么请你拿起这张纸，看着这些名字，现在自己是什么样的感受？

这就是你当下的“生命支持系统”。

职场中不同的人，又在你的人际地图里处于什么样的位置呢？

你会把你和“职场”的关系定义为社交关系，还是信任关系呢？

大家可以对照以下的几个问题，慢慢梳理出自己的职场原则：

1. 工作和生活对于我意味着什么，我如何平衡两者。

2. 我的职场权益是什么，哪些权益是我的底线，公司是必须提供的。

3. 我对待工作的标准是什么，是更重视绩效评价，还是更重视自己感受。

4. 领导和我的关系意味着什么，我对待领导的原则是什么。

5. 我对待客户的态度是什么。

6. 同事和我的关系是什么，我对待同事的原则是什么。

7. 对于选择一份工作，我更看重什么：薪水、职位还是成长。

当然，你也可以根据自身的现实的情况，制定一些个性化的原则。

比如：

1. 我对待加班的态度是什么。

2. 我可以接受办公室恋情吗。

3. 我是否能接受经常出差。

4. 我对办公地址的要求是什么。

有了原则，就不会不自觉地被侵犯了。对于内心的原则，要有能够坚持的勇气。有了原则，方可从容抉择，处事不惊，临危不乱。

制定了原则和边界还是不够的，你还要宣布和落实你的原则。你需要在招聘签约时，跟公司确认你的底线，那是你内心里没有弹性的部分。你也需要在跟上级和同事的沟通中，表达你的原则和边界，有些可能是有弹性的部分，希望得到对方的支持。比如：我不太喜欢下班后的聚会，我更需要私人的空间。

原则和边界的制定，要充分考虑和尊重自我的感受，也应该理性地考虑环境的需要。边界的制定和宣布、执行，是人生独立的重要功课。

四、“潜规则”其实很简单

顾名思义，潜规则就是那些没有摆到桌面上来，但是大家都知道的、“约定俗成”的规则。潜规则和显规则一样，都对社会关系影响重大。然而，潜规则对于关系的边界非常模糊不清，甚至故意模糊不清。

身在职场，你是否能发现这些潜规则？你是否能够应对这些潜规则？你是否有能力对不适宜的潜规则说不？

划清了自己的“边界”，应对潜规则就非常简单了。

潜规则一　Office不相信爱情

职场中，有一个非常敏感的关于“距离”的话题，“办公室是否能够谈恋爱”？

在人际关系中，“扮演”单一角色，是比较容易经营关系的。可是，如果在办公室的同事里找了个男（女）朋友，那么无疑在同时扮演两个角色：一个是亲密关系的情侣的角色，一个是社交关系的同事的角色。而这两种关系对距离的要求是不一样的，一个近些，一个远些。同时，因为你们有了“情侣”的角色，其他同事和你们之间的关系又陷入了一种不平衡的状态。这种远远近近，不断面临失衡风险的关系，是非常难以维护的，搞不好就会“鸡飞蛋打”。

越亲密的关系，意味着更深入的彼此开放度和私密的分享，往往是排斥物质利益的。而“保持距离”能使双方产生一种“礼”，有了这种“礼”，就会相互尊重，避免由于利益的碰撞而产生情感的伤害。

所以说，办公室能不能谈恋爱，并不是一个规则的问题，也无法用简单的“可以”或“不可以”就能了断，更不是一个道德问题，和个人品行没有关系。如果那有缘人就是出现在办公室里了，你需要仔细考虑如何维护这两种角色的平衡，或者掂量一下，在两种关系中做出取舍，以求平衡。

你要知道，关系可以给我们力量，亦可能带给我们伤害。

职场中还有不少有关“距离”的难题，诸如同事之间是不是有真的友情？能不能和自己的老板交朋友？能不能和自己的朋友做生意？

这些难题，都需要我们用“距离”的智慧去解决。如果你没有把握，经验不足，那还是保持单纯的关系，适度的距离比较安全。如果你足以驾驭，那么这种复杂的关系也许给你带来意想不到的收获。

Office 不相信爱情，可爱情却不管你信或不信，它执意要来，Office 又岂能拦得住？

潜规则二：办公室政治

心理学家们做过一个实验。让一个小孩子加入一个已经形成的小团体里，参加这个小团体的游戏活动。有些孩子很快受到了欢迎，而另外一些小孩子会被团体排斥。不受欢迎的孩子都会有一些特征：他们往往强行加入，期待主导，不符合小团队现有的游戏规则。

所谓政治，也不过就是这样一些约定俗成的游戏规则和底线，不易触碰，难以逾越。所谓办公室政治，也是这样的一些规则，我们可以称之为“职场规则”。

办公室政治是一个“中性词”，如果你一提到办公室政治就退避不及，唯恐受害，甚至深恶痛绝，那只能说明你对同事关系的把握不够自信。当我们对关系的经营感觉到不自信，便会觉得不安全，或者由于不安全，感觉不自信，所以对职场关系也便生出了恐惧。

如果你一提到办公室政治就热血沸腾，热衷于权谋策划，对特定的利益集团建设倾注“精力”，那可能说明你“没干正事”。对关系的不健康理解，难免让自己误入歧途，被人利用，后果堪忧。

在职场中，我们大可不必对这些规则谈虎色变，也没必要对这些规则如履薄冰。当然，这也并不表示应该对这些规则过分钻营。

就如用西餐一样，你只需举止优雅的把礼仪变成一种习惯，别坏了规矩被人嘲笑，就不至于因为被规则束缚而无法品尝美味。

那么在职场中，有哪些职场规则是我们必须所了解的呢？以下几点可供参考：

1. 尊重企业理念和文化，保持你的形象；

2. 了解人际信息及关系网络，发展良好的关系；

3. 发展联盟，但不发展派系；

4. 尊重你的老板，不要介入老板的隐私；

5. 不能越级汇告；

6. 在绝大多数企业，薪酬是背对背的，忌讳相互谈论；

7. 不在私下场合谈论对其他同事的看法；

8. 对规则和潜规则保持同样的敏感度；

9. 对你的前任雇主保持感谢；

10. 离开不认同的系统，但不要轻易尝试打破规则。

以上是最常规的职场规则，也是我们在职场不可轻易触碰的底线。在不同的环境中，还会有一些各具特色的“潜规则”，那是指在特定的利益集团里，约定俗成的一些规矩。所谓国有国法，家有家规，这些“潜规则”同样是不容我们轻易挑战的。

过马路，左右看，红灯停，绿灯行。政治不是什么难事，当然可以优雅的应对。

潜规则三：职场性骚扰

2010年5月，“山木培训”女雇员报警，称遭老板强奸。该公司前员工称，许多山木女员工曾被老板性骚扰或侵犯，并称其电脑中有数千张不同女孩的裸照。而后，山木教育集团总裁宋山木涉嫌强奸女职员被刑拘。

这是比较严重的职场性侵犯事件。然而，实际中女职工面临的困扰却大多没有浮出水面。甚至在一些公司，这种“骚扰”也成为了潜规则的一部分。

在饭桌上或公共场合，不顾忌有女性，经常说些黄色笑话或者荤段子，有意识地说些性方面的内容，声称这是活跃气氛的一部分；

在没有经过同意的情况下，非自然状态下的强行抚摸、拥抱、身体接触。事后解释说，喝多了，当时很激动；

以提拔或加薪等方面条件，提出与你进行性交换（或没有发生性行为，但涉及身体接触、暧昧关系、私人陪同）。

你是否意识到，以上的行为已经构成了性骚扰。然而，有些人却主动迎合了这样的“潜规则”。

关系的建立不是以牺牲个体真实满足感为代价，让自己成为人人欢迎的“交际花”，如果没有尊重自身的感受，是不会形成稳定和满意的人际关系的。

在职场中，员工应具备更多的权利观念与自我防范意识。除了自己人身的权力以外，作为劳动者，还有休息的权力，休假的权力，获得劳动报酬的权力。女职工有各种产期、哺乳期的特殊权力。

你休假了吗？你加班了吗？你生完小孩还有职位吗？

很多企业，并没有把这些员工应得的权力写入规章制度。如果我们不了解自己的权力，可能已经被“潜规则”了，也不得而知。

五、情商加油站

“边界设定”是一种把自己和他人区分开来的能力。

具有边界设定能力的人，能够理解自己和他人的不同，建立起对待自己的身体、行动、经济财产、婚姻状况、情感问题的处理原则，以保证自己享有独立的生活空间。

边界设定意味着我们能够理解各种关系的远近，拿捏其中的尺度和距离，针对不同的关系设定不同的原则和底线。

边界设定的能力还意味着对他人的边界敏感，不侵扰他人的空间和界限。

边界设定是和“情感自立”唇齿相依的两项情商技能。一个内心情感独立的人，方能够为自己的人生设立起独立的疆域空间。一个内心情感自给自足的人，方能够不去侵扰他人的边界，去寻求情感的支持。同时边界设定能力的发挥还受到“同理心”、“自我价值”、“自我肯定”的影响。

有效的“边界设定”能力在职场的表现

1. 能准确的为自己定位；

2. 能够有效区分工作和生活的界限；

3. 能够与上级、同事、客户保持恰当的、有利于发展的距离；

4. 拥有自己的原则和底线。

“边界设定”能力不足在职场可能的表现

1. 没有原则，不懂得保护自己的隐私；

2. 跟上下级、同事、客户发生不恰当的情感关系；

3. 容易侵入他人的边界，自己却不醒悟。

“边界设定”能力使用过头的表现

1. 过分强调自我的空间、权利，不能融入集体；

2. 不关注他人，给人感觉太过划清界限。

六、情商测一测

边界设定的自测

以下原则涉及到边界设定的一些基本原则：

1. 在沟通中涉及到自己的隐私问题时，我有办法保护自己隐私，并不觉得尴尬；

2. 别人在未经允许的情况下，不能够查看我的手机、电脑等私人物品；

3. 我不喜欢跟别人八卦同事、上级、朋友的隐私；

4. 我很清楚地知道朋友的隐私边界，不该问的不问，不以帮助他（她）的名义了解他（她）的私事；

5. 我跟父母亲之间，有明确的隐私的底线；

6. 不企图了解伴侣的手机消息、聊天记录，尊重对方的选择；

7. 有自己的财务原则，在生活、生意上，能做到亲兄弟明算账；

8. 对吃饭、沙龙等社交活动 AA 制，顺理成章地接受，不会不明不白地接受他人的吃请、邀约；

9. 未经他人的同意，不私拆他人的快递，信件，私人物品；

10. 不把他人的薪酬，经济状况，家庭状况等私人信息作为聊天的话题。

说明：

假如在这些原则性建议中有 3 条以上与实际情况相冲突，你可能需要检视自己的边界设定；假如你有 5 项以上冲突明显，那么你需要对自己的边界问题进行反思。

第六课 同理心

“子非鱼，焉知鱼之乐也？”“子非我，焉知我不知鱼之乐也？”

——庄子

一、己所不欲勿施于人

一份爱乐活新员工入职福利的内部文件走红网络，令众多年轻的职场人羡慕不已。

文件中写道：亲爱的爱乐活新伙伴，欢迎你们加入。你可以任选以下两项为入职福利。

大姨妈券（带薪休息半天，前 3 个月有效，仅限女员工）、吃货券（全聚德、海底捞、必胜客等知名餐厅免费试吃体验一次）、美体 SPA 券、开心刘老根券、顶级婚纱摄影券、豪华开房券、金牌月嫂券、最牛搬家券、操心早教券、拯救大龄剩女券。

这些福利券覆盖了年轻员工日常生活的方方面面，无论你是恋爱、结婚、养孩子、单身小资，都能找到贴心的几款。更令人耳目一新的是，在描述这些福利的时候，公司还使用了年轻人特别熟悉和喜欢的语言，充满幽默感。大姨妈券，带薪休息半天，前 3 个月有效，仅限女员工。拯救大龄剩女券，公司工会倾情支持，保证每年 2 次以上和优质剩男公司进行联谊活动及配对实验。

之后，糯米网的招聘启事，也同样被年轻人大声叫好。

加入糯米网的七大理由：1）稳健发展，以人为本，从未裁员；2）老板靠谱，有情有义；3）政策稳定，绝不卸磨杀驴，绝不朝令夕改；4）团队和谐，没有派系，更没有所谓的阿里派系；5）待遇厚道，不拿期权说事儿；6）扩张中，坑多萝卜少，成长空间大；7）放眼长线，不急功近利，资金充裕。

这些福利形式、招聘方式都是有效的攻心术，深深打动了年轻人的心。

而同样使用攻心术，另外一家企业的老板就没有这么幸运了。

沈阳某培训机构给10名第一天上班的新员工出了一道心理测试，没成想，却吓跑了所有的新员工。

这10名90后的新员工，都是在沈阳读书的大四学生，毕业前为自己找工作积累经验，开始寻找实习的机会。而这家位于皇姑区的培训公司，因为女经理号称是北大管理学博士，又是辽宁著名的心理专家，让大学生们慕名而来。

上班的第一天，总经理给新员工出了一道心理测验，了解员工的性格、专长、缺点。她要求每个人根据对其他9人的感觉，在10分钟之内说出每个人至少5个以上的缺点。当然也可以说优点，但是缺点必须比优点多。”

半小时后，大家纠结地拿出了自己的作业。没想到这个还要彼此当面分享下，他们分别都看到了新同事对自己的评价。缺点：自我，不考虑别人的感受，有攻击性，冷漠、不会笑……缺点：专制、强硬、自以为是、缺少凝聚力。面对这些血淋淋的评价，有的员工当场就受不了，跑到洗手间大哭了一场。

当天不到中午，这批新员工有的不知去向，有的请假回家，有的干脆提出辞职，10名新员工全部撤离。号称心理专家的总经理，感觉很诧异，不住地摇头：“他们也太脆弱了，太可惜了。”

同样是攻心术，有的捕获人心，有的竹篮打水，区别在于，是否准确把握了对方的心理感受。这种能够理解他人的感受，读懂他人的能力，在情商中称为“同理心”。同理心是我们和他人建立职场关系的基础，对日常的职场沟通和人际交往发挥着重要的作用。同理心帮助我们正确理解上级的意图，准确把握下属的情绪状态，能够对跨部门的协作换位思考，体谅同事之间的想法感受，理解客户的需求和状态，更好地给客户推介产品、提供服务。

很多岗位对于同理心的要求非常高。如：销售、客服、HR、产品经理，同理心是他们至关重要的胜任素质。教师、护士等服务行业人士尤其需要同理心的运用。

二、同理心的“陷阱”

“同理心”一词由美国心理学家 E.B.Titchiener 在 20 世纪 20 年代最早使用。同理心是一种能够读懂他人的感受和想法，理解对方的行为和情绪，与他人产生共鸣的能力。同理心要求我们有一种“洞察力”：他现在有什么感受？这种感受有多么强烈？为什么有这种感受？这种洞察力不仅表现在沟通的过程中，也包括能够根据以往的经验，对可能发生的事情进行准确预测的能力，进而对他人的感受和产生这种感受的原因作出正确的反应。

无论是职场中的沟通，上下级关系处理，公司的员工关系管理，还是产品经理设计产品，服务部门设计服务流程，服务人员对客户开展服务，销售人员售卖产品，都需要用到同理心。同理心是最有效的职场应用工具之一。

同理心的发挥基于对自我的觉察。我们感受、推测、理解他人的前提，是要对自我世界有着准确的洞察，而不能将自己的感受和他人的感受混为一谈。

所以，运用同理心的前提，也是最大挑战便是：准确地区分，这到底是你的需要，还是你在理解他人。

（一）同理心不等同于与人为善

有人说，我性格友善，处事随和，跟谁都很客气，从来不得罪别人。我比较顺从别人的需要，知道别人想要什么，我总是尽力的附和和满足。这算不算是有同理心呢？

首先我们就要知道，同理心和“与人为善”不是一回事。很多人的“与人为善”，甚至讨好、迎合、顺从别人，出发点并非是真的为了他人。这种处世的策略是出于为自己营造安全感的需要。还有一些人，不断的“付出”“奉献”，喜欢“热心”的帮助别人，送小礼物。而比起满足别人的需要，他们更喜欢这种“被需要”的感觉。

同理心，不是“顺应”他人，而是真正的关注他人。

（二）同理心不能反客为主

你曾经遇到过这样的情形吗?

讨论中，你对表达想法总是特别迫不及待，总是沉浸于自己的表现而忘了倾听别人的发言。

一个同事找你来抱怨工作的不如意，你还没来得及听完，就以一个过来人的姿态，开始给人家建议了。

见到一个客户，你还没有了解客户真正的需要，就开始滔滔不绝的讲起自己的产品优势。

你的下属又犯了同样的错误，你根本没给他解释的机会，就把错误的原因，这么做的危害，统统交待给他了。

一遇到你特别擅长的话题，或者是你擅长的专业领域，你就按捺不住发表专业的意见，根本没有顾及周围的听众是否能够了解和接受。

很多时候，我们自以为很了解了，尽在掌握了，就会犯“妄加评判”、“贸然支招”、“好为人师”的错误。我们自以为这种建议、忠告、分享是对他人很有帮助的。于是，沟通的过程变成了自我展示的过程。

同理心不是我觉得我都明白了，我都理解了，而是我来“听”。

（三）同理心不是做“救世主”

有些时候，我们会被“同理心”劫持。

销售部部门助理汪小燕是一个“热心肠”的人，她特别理解销售人员的不容易。她看到销售员每天都要外出、谈客户、做业绩，非常辛苦。

汪小燕负责督促大家提交每月业务费用报销的工作。销售人员应该整理好自己的票据，粘贴妥当，填好表格说明，交由小燕审核。然而，销售员们对这个工作总是不能按时完成，而且还总是出错。因为特别“理解”销售人员的忙碌，小燕总是很难催促和监督他们，导致部门的报销工作总是不能按时完成，财务部因此多次表示不满。汪小燕无奈之下，包揽了部门12个销售经理本来应该自己来完成的报销工作，帮助他们贴票、写单据、算数字。开始的时候，销售人员齐呼“给力”，热情地给小燕买冰激凌作为奖励。可是后来，大家好像慢慢就习惯了，每个月，他们把一口袋乱七八糟的票据，往小燕桌子上一丢就大功告成了，还经常因为对报销数额有质疑，来找汪小燕对账。小燕非常委屈，她不明白，自己“同情”别人的结果，怎么会是这样呢？

能够“同情”别人，只是同理心的一个起点，当这份“同情心”，一旦演变成了没有原则的的“包揽”和不考虑方法和后果的“救助”，甚至让自己沉浸在居高临下的“救世感”中，那么我们就已经偏离了同理心的轨道。我们会让他人忘记自己应该承担的责任，产生对我们的依赖。

同理心不是同情，而是要能够让他人成长，给予他人力量。

同理心，这种情商技能与“情感觉察”、“情感自立”、“实际验证”、“自我肯定”、“自我实现”等情商技能密切相关。由于缺乏对自己的情感体验，或情感经验不丰富，很有可能也无法体察他人的情感。

由于情感不自立，很可能过度使用对他人的“同理”之心，过分讨好，过分敏感，过分关注他人的感受而无法独立决定。

由于缺乏“实际验证”的能力，太过感情用事，无法有效检验对他人的“体察”。

由于过于强调“自我肯定”，很容易忽略或侵犯他人的感受。

当然，我们也有可能因为高度的“自我实现”，而在“做自己的决定”和“顾及他人”之间，做出倾向于后者的选择。在情商测试的数据库中，决定公司生死存亡的高层领导者，往往会“压抑”自己的“同理心”，以获得目标的达成。

三、“三招”读懂他人的世界

第一招：察言观色

加州大学洛杉矶分校的一项研究表明，个人行为表现给人的印象，7% 取决于说话的内容，38% 取决于音质、音量、语速等信息，另外 55% 取决于非语言交流。人类学家 Ray Birdwhistell 更是认为，沟通中 92% 为非语言沟通（见图 6.1）。

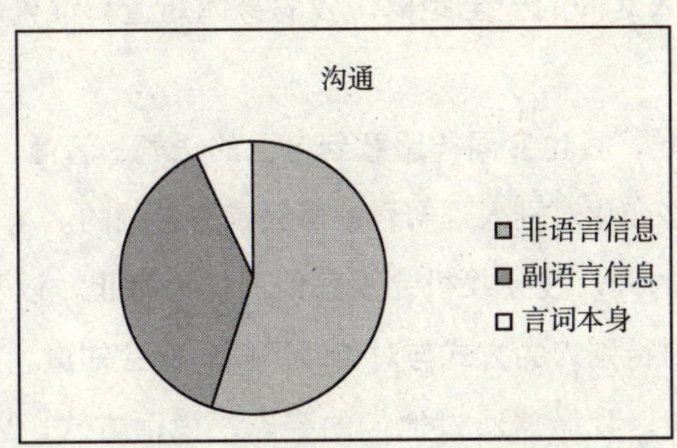

图 6.1 沟通的密码“55387”解读

非语言信息包括：目光接触，面部表情，手势，体态和肢体语言，语音信息，空间距离等。正所谓“察言观色”，是我们读懂他人的基础。

美剧《*Lie to me*》风靡全球，主角卡尔·莱特曼博士是世界顶尖的测谎专家，能从一个人的面部表情、不自觉的肢体语言、说话的声音和言辞中，读出一个人的想法。

回答以下的问题，可以测试你察言观色的能力。

1. 我与一个人见面时，首先会下意识地关注他的着装和情绪状态。如果是熟悉的人，我会第一时间感受到，今天他是否有何“不同”。

2. 我不回避别人的目光，我能从别人的目光中看到支持、温暖，抑或焦虑和躲闪。

3. 在沟通的过程中，我会注意别人的表情，特别是在我提出一个观点的时候，他的表情是否出现什么变化?

4. 我在和别人握手的时候会比较敏感他的力度、手的温度，感受他传递给我的信息。

5. 面对面沟通中，如果他身体前倾，表示对我的话题很感兴趣；如果他无意识的用指尖敲打桌面，那脑子一定不在我这儿；如果他不断看表，那可是有点不耐烦了。我总是能从别人肢体语言的一些细节中，捕捉到他没有说出的想法。

6. 如果一个人突然提高了音量、语速，或者突然变得沉默或支支吾吾、出现口误，即使我们聊得起劲，我也会感受到这些变化。

7. 我知道人与人之间的安全距离，我的身体知道和谁可以靠的近一点，和谁一定得保持距离。

8. 在沟通的时候，我也会同样留意到自己的语气、音量、肢体语言的变化，同时，我能知道这些变化对别人理解我的感受是有影响的。

9. 对于我关注的人，我会找机会观察他的行为举止，以及他跟别人说话办事的状态。如果他对待别人的方式与对待我不同，我会知道。

10. 在一群人中，我能够通过他们的姿态、说话方式，以及一些无声的交流，感受到谁和谁的关系更近一些。

如果以上你的回答都是肯定的，那么，你一定是一个察言观色的高手。这个技能对我们了解他人来说，真是事半功倍。

非语言信息之所以如此重要，是因为这些信息往往是无意识的，或者说是下意识流露的，非常真实。正如弗洛伊德所说，没有人可以隐藏秘密，假如他的嘴唇不说话，则他会用指尖说话。一个人的非言语行为，更多的是一种对外界刺激的直接反应，是来不及撒谎的。英国心理学家阿盖依尔等人的研究表明，当你接收的语言信息与非语言信息所代表的意义不一样时，人们更应相信的是非语言所代表的意义。

当然，对于非语言信息的掌握，随着我们洞察力的提高会越来越得心应手。这个技能，并不能靠知识学习，教条地根据书上的解读去一一对应来完成。同样的一个动作，在不同的情境、不同的人、不同的文化背景下，所代表的意义都有可能不同。“拍案而起”可能表示怒不可遏，也可能是“拍案叫绝”。迷信一些所谓的“微表情”也是会把我们引入歧途的。

第二招：与人“共情”

《圣经·罗马书》12章15节的经文说：“与喜乐的人要同乐；与哀哭的人要同哭。”这就是“共情”。

“共情”是人本主义心理学创始人罗杰斯所阐述的概念，Mayeroff（1971）认为，共情就是“关怀一个人，能够了解他及他的世界，就好像我就是他，我必须能够好像用他的眼看他的世界及他自己一样，而不能把他当成物品一样从外面去审核、观察，必须能与他同在他的世界里，进入他的世界，从内部去体认他的生活方式，以及他的目标与方向。”

与人“共情”是同理心的核心技能，“倾听”是“共情”的核心技术。

1. 用身体去倾听

身体反应的同步，是倾听的开始。

你可以尝试：停止你手中无关的事情；选择一个适合倾听的，双方都舒服的位置和距离；面对说话者，身体稍稍前倾；保持开放式身体语言；保持目光接触；适时地点头互动。

2. 用情绪去倾听

同理心是感受别人的痛苦与喜悦，站在他人的角度看问题，同时要表现出相应的情绪。——卡尔．罗杰斯，人本主义心理学家

情绪的同步产生感染力和影响力，意味着此刻内心与别人同喜同悲。

你可以尝试：慢慢跟随对方的呼吸；让对方的情绪感受流淌在你的身体里；去尝试理解对方情绪的起因；觉察自己情绪的变化，区分哪些是你的情绪，哪些是对方的情绪。

第三招：反馈与回应

同理心不仅要求我们能够站在对方的角度看待问题，还要求我们能够表达出我们的理解和感受，以达成沟通双方真正的融合。

有效的反馈与回应，会在不知不觉中让对方感受到：你很关注我，你很理解

我。于是对方敞开心扉，让我们更好地进入他的世界。

1. 复制性的跟随

用诸如“是的”，“嗯”，“对”，“好的”，“我明白了”之类的言语暗示你专心聆听，而且可鼓励说话者与你分享更多的信息，或者简单重复听到的关键词：哦，很辛苦；嗯，不能这么做。

如果你无法准确把握他的感受，那么重复他的话，用他说的词去重复，是最简单的反馈方式。

“你说……”

“你感觉……”

简单的重复会带来神奇的效果。

2. 支持性的提问

为了鼓励对方的倾诉，接受更多的信息以让你判断对方的感受，你可以这样表达：

“你是不是觉得有点……”

“你想说的是不是……”

“你现在感觉很沮丧，是吗？”

注意：支持性的提问不是引导性的提问和打断。支持是关注对方说话的内容，支持对方把情绪和事件述说更完整。而引导是，你想把谈话按照你的方式进行下去，或者暗示对方认可或达成你的观点。

3. 确认性的反馈

当你确信了解了对方的感受，希望达成共识的时候，你可以这样表达：

“我非常理解你现在的感受。”

“我真为你高兴。”

“这件事真是难为你了，遇到这样的事我们也都会感觉到……”

当然，你也会遇到对他人的态度和观点不满的时候，你可以试着这样表达：

“你这么说，我感觉真的是很不舒服。”

“你这么想，我有点失望。”

“我了解你的意思，但是我不喜欢你用这样的态度和我说话。”

当我们不去冲撞观点，纠缠于对错，而只是真心地表达自己感受的时候，往往容易达成谅解，同样让我们通向和解共赢之路。

四、同理心，跨越职场“代沟”

IBM 在 2011 年发布了《携手 Y 世代——洞悉和构建 80 后最佳职场环境》白皮书。此份报告发布了对中国职场 80 后特性的调研结果，描述了他们与 70 后、60 后的差异，希望增进各年龄职场人士之间的相互了解，帮助企业打造一个能使得各年代员工都能施展才华，共存、共赢、共舞的职场环境。

调研显示，相较于 60 后和 70 后，80 后更崇尚创新性的企业文化，希望与管理者建立更为“直接”的联系和沟通，希望招聘、晋升和绩效管理流程更加透明，可以提供更多信息。职业发展和培训机会、薪资福利和及时被认可等因素最能激发他们的工作热情。同时，在 80 后群体中，凸显了工作满意度较低和对企业忠诚度较低的现象。

报告还发现，由于成长背景的巨大差异，相较于 80 后，已经身处于管理层的 60 后、70 后群体中更体现了勤奋工作、低调行事、服从规章制度和较高的忠诚度等特征。他们倾向于“稳定”的工作，面对困难时表现得更加有条理、有方法，比较勤奋和执着，在跳槽问题上考虑更为慎重。同时，他们也对新科技和新的业务模式表现出了较低的敏感度和适应能力。

这份报告描述了不同年代职场人士非常重要的典型特征，结合我们大量不同年龄层面人士情商研究，以及大量企业咨询内训案例，我们把典型的“上”一代（60、70）和“新”一代（80、90）的主要区别和冲突总结为以下四点：

第一：对环境的适应策略不同。

“新”一代在环境适应策略上更现实也更灵活，而“上”一代更注重自身的“不懈努力”。一位 60 后的女企业主曾经在访谈中说，我们都非常自律，我们的人生原则是“不用扬鞭自奋蹄”。这让我们想起了“恢复高考”、千军万马过独木桥”的时代背景。在那一代人的青年时代，的确是有很多人靠“努力”、“奋斗”

彻底改变了自己的命运，这也成为了他们内心不可磨灭的人生信条。然而“新”一代的成长环境相对富足，他们的命运里更是没有什么“苦难”需要去改变，他们自由自在成长，来到一个“现实”的社会。这个社会要“拼爹”，这个社会有高不可攀的房价，他们“现实”得甚至有些“功利”，他们并不立志改变世界，只是力求活得更轻松幸福。所以在环境适应的策略上，他们更加现实而灵活。这些对环境适应的策略乃至价值观，只是时代的烙印，没有绝对的对错，更无法用道德标准来判断。

第二：对寻求外界支持的态度不同。

人活在世界上，总是需要通过获得他人的评价，才能不断完善自我认知，增强自信。在对外界寻求支持的态度上，“新”一代更倾向于寻求被认可，被关注。因而，他们表现张扬、“出位”，渴望被表扬，需要被肯定。而“上”一代，他们生活在一个“集体主义”的，提倡“批评与自我批评”的社会环境中，在大家庭里，他们更关注权威有关“对错”的评价，不合规矩是要受惩罚的，从而形成了处事低调、严谨的行为风格。

“新”一代关注被“夸”；“上”一代不会“夸”人（因为自己很少被夸过）。

“新”一代单纯直率，敢于“出位”；“上”一代关注对错，如履薄冰。

这种满拧的两代人，不仅对自己的标准不同，对待他人的标准也不能完全一致，于是在沟通中相互缺乏共同语言，也就非常正常了。

当我们理解了这些差异，我们就要学会运用同理心，采用聪明的沟通方式。

对待“新一代”，应该肯定在先，能够真诚地发现他们的优点，给予及时的肯定。对于他们情绪化的表现，要理解宽容，但不迁就。沟通可以直接，开放，坦率，有时候“利用”他们有点孩子气的哥们义气，这比起“知心大妈”般的谆谆教导要管用得多。

对于“上”一代，应尽量采用“靠谱”的方式去做交流，注意时间、地点和着装的规范，让自己在他们眼里变得很“着调”，对于取得信任和好感是非常重要的。要“谦虚”，要“低调”，要能够真诚地听取他们的意见。对于“批评”，要有一个“有则改之，无则加勉”的积极心态。

让自己变得和他人“相似”，也是一个非常好的拉近距离的人际法则。即尊重对方，又不失自己的个性，“顺人不失己”才是富有情商能力的表现。

第三：对待权威的态度不同。

早期的一段相声特别形象的描述了“上”一代在与权威互动中的关系，相声里有这样一幅对联：上联：说你行，你就行，不行也行；下联：说不行，就不行，行也不行，横批，不服不行。对待权威、上下级关系中，服从、尊重，是“上”一代的处世之道。

生长在改革开放之后的“新”一代，却完全不是如此。他们崇尚自由、平等，认为领导说得对的可以听，说的不对的可以不听，你要真心让我服气，我才会听你的。

有这样的说法，我们对待权威的态度，本质上形成于幼年时期与父母亲的互动关系。我们对待父母的关系模式，就是未来我们对待职场中领导的关系模式，这些都体现为我们对“权威”的理解。所以，从两代人的成长经历中，我们也不难发现，我们对待权威的态度是截然不同的。

矛盾和冲突就在于，一辈子“听话”的“上”一代，好不容易多年媳妇熬成婆，当上领导之后，自然也希望下属是“听话”的；然而此时的“媳妇们”，却眼睛里根本没有“婆婆”。他们认为，天下一家，我们本该是一群“姐妹”。

80后的小领导招聘，问求职者，你什么星座?

60后的领导招聘，问求职者，你们家父母是做什么工作的?

80后们，渴望组织环境平等，开放，信息透明；

60后的领导更爱发出指令，期待遵从，沟通中多用批评。

这种对待权威态度的不同，直接导致了上下级关系的紧张，甚至两代人的内心对峙。

我们来看看“80后是如何管好80后”的，也许会对“上一代”们有些启发。80后明星创业精英李想所率领的新新人类团队——泡泡网，是一支平均年龄不到25岁的年轻团队，他们的目标是实现“在两年之内达到上市标准，成为中国最大的垂直互动媒体集团”。泡泡网的“BT”墙上写满了BT的话语和“恶搞”的照片。泡泡网的每一个会议室都会随时更换新名字，他们有“多付出5%，多回报200%”的“豪言壮语”。作为文化，他们热爱的是旅游、聚会、消费、出其不意的极度搞怪，以及强烈的自我实现。他们崇尚获得快乐的元素和新鲜的空气。

越来越多的新的管理方式，符合年轻人特点的管理方式，开始陆续走入企业，这种改变是一种必然的趋势，就如短发代替了长辫子一样，无法阻挡。管理不再是发号施令那么简单，管理不再是位置决定说话的分量，如何提高自身的情商，管理好“新”一代，已经成为领导者特别重要的一项情商管理技能。

当然，在“上”一代依旧在位的时期，“新”一代也需要调整自己，去适应领导的管理风格。这不是所谓的“权宜之计”，而是真正负责的职业态度。我们发现，当发自内心地尊重上级，坦诚寻找合适的时机提出自己的建议、表达自己的感受，增进彼此的了解，从而建设起和谐的职场关系，这对自身的成长和发展是非常有意义的。我们永远可以从长者之处，获得人生的智慧和经验，任何时代，皆是如此。

理解差异，是走向和解的开始。

五、情商加油站

同理心，也称共情，是指一个人能够从情绪上“读懂”他人。具有同理心的人，关注、关心他人，能够有效的倾听，真正理解发生在别人身上的事情和困难，能在感情上读懂他人，能够敏感地觉察到别人在想什么，并能感受到他们的思维方式。

同理心还意味着，具备赏识他人的能力，会用积极的眼光看待和解读他人的感受和想法。

同理心并非盲目的跟从、同情，具有同理心的人能区分哪些是别人的需要，哪些是自己的需要，能够从别人的角度来看待世界，不管这个观点是否和你一致，都可以理解和接纳。

当同理心发挥作用时，我们对他人尊重而关注，有助于更准确地交流，提高效率，减少误会和矛盾，建立起和谐而有效的职场关系。

同理心是所有与人际关系相关的情商技能的基础，是我们处理人际关系的元技能。没有良好的“同理”能力，我们就无法达成与他人和环境真正的和谐统一。

“同理心”能力不足在职场可能的表现

1、难以理解别人的感受；

2、对别人的情绪不敏感；

3、不能站在他人的角度看待事物。

“同理心”能力使用过头的表现

1、你的同理心使别人对你产生了依赖；

2、你太理解别人，支持他人的情绪，使他们忘记了自己应该承担的责任。

六、情商测一测

测试：运用同理心最难的就是倾听，通过下面的测试，看一看你是否能放下自己，真正倾听他人吧。

问题：	A	B	C	D
1. 力求听对方讲话的实质而不是它的字面意义。	○	○	○	○
2. 以全身的姿势表达你在入神地听对方的说话。	○	○	○	○
3. 别人讲话时不急于插话，不打断对方的话。	○	○	○	○
4. 不会一边听对方说话一边考虑自己的事。	○	○	○	○
5. 做到听批评意见时不激动，耐心地听人家把话说完。	○	○	○	○
6. 即使对别人的话不感兴趣，也耐心地听人家把话说完。	○	○	○	○
7. 我不因为对说话者有偏见而拒绝听他说话。	○	○	○	○

续表

问题：	A	B	C	D
8. 即使对方地位低，也要对他持称赞态度，认真地听他讲话。	○	○	○	○
9. 因某事而情绪激动或心情不好时，避免把自己的情绪发泄在他人身上。	○	○	○	○
10. 听不懂对方所说的意思时，利用有反射地听的方法来核实他的意思。	○	○	○	○
11. 利用套用法证明你正确地理解对方的思想。	○	○	○	○
12. 利用无反射地听的方法鼓励对方表达出他自己的思想。	○	○	○	○
13. 利用归纳法重述对方的思想，以免曲解或漏掉对方所传达的信息。	○	○	○	○
14. 避免只听你想听的部分，注意对方的全部思想。	○	○	○	○
15. 以适当的姿势鼓励对方把心里话都说出来。	○	○	○	○
16. 以对方保持适度的目光接触。	○	○	○	○
17. 既听对方的口头信息，也注意对方所表达的情感。	○	○	○	○
18. 与人交谈时选用最合适的位置，使对方感到舒适。	○	○	○	○
19. 能观察出对方的言语和心理是否一致。	○	○	○	○
20. 注意对方的非口头语所表达的意思。	○	○	○	○

A 很难做到

B 偶尔能做到

C 一般能做到

D 非常符合

A、B、C、D 分别记 1、2、3、4 分。

满分 80 分。如果您的得分在 70 分以上，意味着您是一个很好的倾听者。如果您的得分在 50 分以下，您需要反思和提升。

第七课 人际交往

故为人君者，但当退小人之伪朋，用君子之真朋，则天下治矣。

——欧阳修

一、好人缘不需要厚黑学

2010年11月8日下午两点多，重庆九龙坡区巴国城广场遇到一件“蹊跷事”：四个西装笔挺的年轻人在广场上昏睡不醒，偶尔说些听不懂的醉话，有一个还不停地抽搐。巴国城交巡警平台的巡警赶来后，拨打了120，将他们送入医院救治。后经了解，四名年轻人是来参加某公司招聘销售人员复试的，其中两位是即将于第二年毕业的大学生。中午领导请吃饭，为了展示他们的“软能力”，他们拼命喝酒，最终不省人事。

现今职场人士很多都认为，在实际工作中，“会唱歌、酒量好、会讲段子、能陪老板打牌”等“灰色技能”，在发展职场人际关系中起到了关键性作用。据说，一些用人单位在招聘过程中，要求应聘者必须具备一定的“灰色技能”，甚至，高校毕业生就业指导课程中，诸如和领导一起坐电梯时应该站在什么位置，如何与领导吃饭、如何给领导敬酒、如何与领导一起乘车等技巧，都成了授课的重要内容。描写古代后宫倾轧的影视作品《甄嬛传》，描写敌我斗争的谍战电视剧《潜伏》，也开始成为职场人士热议的对象。如何讨取皇上的欢心，如何在惨烈的后宫竞争中保存自己，如何在恐怖的地下斗争中利用复杂的人性，都成为职场人士研究的重要经验，并在职场中加以借鉴。

《中国青年报》社会调查中心通过民意中国网和搜狐新闻中心，进行的一项调查显示（2298 人参与），70.7% 的人认为在职场竞争中具备“灰色技能”很重要，其中 20.0% 的人表示“非常重要”。受访者中，64.6% 的人表示自己具备“灰色技能”。

这些“灰色技能”被热议的背后，体现出当下职场环境的一些问题，也反应了职场人士的无奈。然而，这些“灰色技能”并非就是健康的人际关系能力。一个健康的企业也一定不是封建社会的后宫，更不是不见天日的敌后战场。“灰色技能”可能会带来“灰色的心情”和“灰色的前程”。

如果我们对于人际关系没有一个积极、正确的认识，甚至按照一些所谓的“厚黑学”、“成功学”套路去钻营，是不会收获真正令自己满意的结果的。如果你认为亲和力就是发嗲卖萌，如果你觉得团队合作不过就是要“打成一片”，如果你理解沟通能力就是能说会道、巧言善辩，那么你的确是太低估人际关系的智慧了。

如果你总是觉得“这是环境逼迫使然”，“只有这样才能不失去工作”，那么你一定是太低估自己的价值和水平了。

健康的人际关系不是以牺牲任何一方的情感和尊严为代价的，健康的人际关系能力要求我们能建设起另双方都满意的人际关系。健康的人际关系会令我们更加友好而积极地与人、与企业乃至与社会相处，健康的人际关系是双赢的关系，健康的人际关系是能增加我们内心正能量的关系。对自己的内心真诚，对他人真诚，你才能在人际关系中得到力量。

建设令双方满意人际关系的能力，是情商的重要指标。在工作场所，好的人际交往能力，能够使个人和其他组织成员有效地沟通，让我们成为受欢迎的人。企业的商务活动也都是有关人际关系的活动，需要员工和顾客之间，员工与合作伙伴之间建立有效的关系。人际关系的质量对企业的工作环境影响重大，也是企业能否吸引、留住优秀人才的关键因素之一。

二、能干还要被喜欢

澳大利亚 Woods Bagot 设计公司委托 Global Strategy Group 市场研究公司进行了一次调查：500 名商业决策精英被要求评价员工的品质，尤其是那些刚走出校门的员工。受访者普遍认为，刚从大学毕业的员工在技术方面很优秀，但解决问题和人际交流等方面的能力偏低。他们认为，在这些方面，大学生们的能力水平远远不符合期望。

德国企业咨询协会与《经济周刊》向来自各咨询公司的 500 名决策人进行调查后，共同总结出了“5 大职场杀手”，其中对企业人际关系知之甚少，没看清本企业的游戏规则是两大重要杀手。

国内一项调查显示：有 97% 的 2009 届大学毕业生正在职场中“跌跌撞撞”。主要面临三大问题，其中之一就是“现在掌握的知识、能力不能满足工作需要”。那么，是哪些能力出现了问题呢？结合对 2006、2007、2008 届大学毕业生连续 3 年的跟踪调查研究，有人力资源专家总结，应届大学毕业生在工作最需要的五项基本能力中，其中三项与建设人际关系的能力有关：有效口头沟通，积极聆听，理解他人。国内大学生毕业时掌握的这些工作能力水平普遍达不到工作的最低要求、达不到雇主的基本要求，

调查中，我们还发现，老板们对刚毕业的大学生也不太满意。大多数接受调查的老板说，大学毕业生缺少一种“软技能”——比单纯的技术知识更重要的“人际交往”能力。虽然老板们对大学毕业生的社交能力要求并不高，但他们认为，基本的社交能力是让刚毕业的学生能符合老板期望的“惟一”技能。在招聘员工时，老板们对这项“软技能”相当看重。

人际关系的能力，是一种“被喜欢”、“受欢迎”的能力。人与人的交流、有效沟通、理解他人、人际交往、团队协作、了解企业游戏规则等，这些能力，都是“人际关系”这一情商能力的体现。

经营人际关系的过程，也是经营人与人情感的过程。我们把人与人之间的情

感联系，形象的称作“情感账户”。

“情感账户”反映着你和他人之间情感关系的品质，你与他人的账户存款多，账户运行稳健、富足，证明你和他人的关系也稳定而深入。如果你的账户透支，则意味着关系可能破裂，难以修复。

经营人际关系的“情感账户”，有这样一些理财原则：

1. 建设人际关系的前提是真诚。诚实、守信是非常优良的情感资产，这可以使他人与你相处时具有“安全感”。

2. 对他人感兴趣，关注他人，支持他人，会让别人感觉到自己是重要的，是一种不错的情感投资。

3. 由衷地赞美他人，真诚地接受他人的帮助并由衷地感谢，会让别人感觉到被认可、有价值，会让你们的关系更加稳定。

4. 专注的倾听，温柔的体谅，适度的安抚，当他人从你这里获得这些情感的支持，你的“情感账户”也会变得更加充裕。

5. 危难之时伸出援手，迷惘之时指点方向，逆境面前携手同行，这些都将对我们的“账户”发生深刻的影响。

6. 任何一种关系都需要维系，建立和维护关系都需要时间。速战速决，“临时抱佛脚”是不切实际的，越是持久的关系，越是需要不断地储蓄。

7. 储蓄是以“对方”为核心的：即，他的需要是什么？无法满足他人需要的“储蓄”，不仅不能使账户增值，还有可能适得其反。

8. 阿谀奉承，溜须拍马，阳奉阴违，表面上看，迎合了一部分人的需要；过分迁就，退让溺爱，貌似是对别人好；这些实质上都无法经受时间的考验，最终将成为账户中的“假账”，危害账户的安全。

9. 出口伤人，无礼侵占，欺骗伤害，显然都是对账户破坏性的打击。虽然勇于认错、积极悔改可以挽回一些账户的损失，但账户信誉一旦破坏，需要加倍经营方可重新进入良性循环。

10. 一旦账户透支，关系破裂，再行修复，难上加难。

有统计显示，在职场中仅有不到1/3的人与领导关系很好，容易沟通；57.97%的人与领导关系一般；10.14%的人与领导关系非常不好，经常背后抱怨；1.45% 的人与领导经常有冲突。与上司的情感账户经营，关系到自己的工作情绪、工作效率和效果乃至职业前程，无疑是职场中的重点工程。

经营与上司情感账户，有这样一些原则：

1. 首先承认老板也是一个人，人无完人；

2. 学会欣赏自己的领导，了解自己上司的优势；

3. 熟悉领导的沟通模式，用他喜欢的方式去沟通；

4. 能为领导分忧解难（理解领导，分担责任，提出建议）；

5. 能够及时、快速地反馈、提供信息，主动沟通；

6. 可以越级投诉，不要越级报告；

7. 能站在领导的角度考虑问题，遇到困难，先思考解决方案，不给领导做问答题，给领导做选择题；

8. 对领导的私人生活，不好奇、不打听、不传播，保持距离；

9. 给领导留面子，提建议注意场合和方式；

10. 在接受荣誉的时候，感谢领导的功劳。

经营同事之间的情感账户，有这样一些原则：

1. 不要介入他人的私生活；

2. 不要背地议论他人，尊重不在场的第三人；

3. 尽量不要有借贷性质的金钱来往；

4. 了解对方的优势，真诚赞美他人；

5. 做好自己的本职工作，不影响团队的进度；

6. 在别人需要帮助的时候，尽力而为；

7. 不一个人吃饭，也不总和一个人吃饭；

8. 不闲聊老板和公司是非，不传播小道消息；

9. 尽量避免办公室恋情；

10. 积极参加公司组织的各种活动、聚会。

毋庸置疑，良好的人际关系，是自我幸福感和事业成功的重要保障。在情感账户的经营过程中，我们经营的是情感，满足的是情感，付出的也是情感。有些人拒绝“开户”，认为我不需要帮助，所以也不想付出。有些人会问，那我给他存了“钱”，他也会给我存吗？他如果不给我存怎么办？这些都是“情感无力”的表现。

情感账户的经营不是一种负担，而是我们人际关系能力的核心与支柱，可以使我们“被喜欢”、“受欢迎”。我们在付出的同时，也可以得到源源不断的力量。一个懂得爱和感恩的人，他的内心会拥有源源不断的情感的资本，他会不断用爱去“投资”，使爱“增值”。

三、“宅”生活的代价

我们似乎在面临一种更加独立，同时也更加孤独的生活。

有记者对30位25岁至35岁的津城白领进行了随机调查，对“下班之后你干些什么？”这个选项，69.3%的白领都选择在家里吃零食、看电视，10.0%的白领选择还会再加班，9.6%的白领选择在健身房，1.8%的白领则选择去夜店，仅有9.2%的白领会选择聚会和约会。在周末，52.9%的白领选择睡上大半天，6.1%和4%的白领选择运动和短途旅行，仅有1/5的白领选择与家庭团聚。对于“在什么状况下你愿意放弃业余生活？”超过1/3的白领都选择只要加班费给得高，就可以没有业余生活。

（一）“宅”之弊端

“居里夫人”、“毕加索”（闭家锁）们，越来越远离人群，在网络上看电影、看书、写博客、玩游戏，买东西可以网购，吃饭可以叫外卖，足不出户生活全部搞定……聊天工具代替了面对面的交流，虚拟世界的“社区”里混杂着“想象的”和“现实的”人际关系。

1.“宅”着，给我们带来社交障碍

一份专门针对90后学生的调查报告显示，大多数90后大学生的心理素质较弱，抗压能力明显不足，被人际交往障碍、孤独感、自卑感、情感问题、就业焦虑四大心理危机困扰。其中，“人际交往障碍”排在首位。这和他们“宅”着的生活密切相关。

QQ上挂着几百个好友，可是真正你遇到心事，却不知道该点开哪个窗口合适；微博上有上百个“粉丝”，可是那只是一个数字，远不如三五好友聚会喝酒来得痛快；交通工具发达便利，可是漂泊异地的孩子却很少回家看看。

现代高科技的互动模式不仅没有增加情感的满足，反而损伤了我们的“社交能力”，增加了我们的孤独感。科技的发明，网络的世界，曾经拉近了我们的距离，然而，却无法让一段关系真正生根、发芽、结出果来。我们的情感支持，也在面临枯竭。

2.“宅”着，严重影响我们的身心健康

亲密的情感联系也是保护身体健康的因素之一。横跨20年，设计人数超过37000人的多项研究表明，社会孤立，即感到没有人可以分享自己的私密感受或进行亲密的接触，使个体患病或死亡的可能性增加了一倍。《科学》杂志1987年发表的一篇报告指出，社会孤立导致死亡的风险，与吸烟、高血压、高胆固醇、肥胖以及缺少运动等因素一样显著。事实上，吸烟加大死亡风险的因素仅为1.6，而社会孤立的因素为2.0，高于吸烟。影响健康的，其实是与人们切断联系以及无人可以求助的主观感受。

3.“宅”着，“自闭”从家里蔓延到办公室

“宅”着的情绪，正在从家里向职场蔓延。在职场中，越来越多的人不愿意走出自己的格子间去和同事交流分享，在工作场合总是很闷，独来独往，不愿意和别人多说话，不合群。同事之间无话可说，在一个办公区的同事之间谈工作，跟客户打交道，都尽量选择邮件、聊天软件等虚拟途径。与领导的交流就更少了，总希望能把谈话时间缩至最短。有调查显示，职场中有60%以上的人，出现了这些“职场自闭”的症状。

（二）解放“宅”生活

1. 走出门，与社会保持一定互动

在自己的日常安排中，计划出与外界接触的事项。比如：去超市买个菜，做运动，到广场散步，见见朋友。每天都要出门，到户外呼吸新鲜的空气。天气好的时候，尤其要多安排一些户外的活动。

2. 关上电脑，脱离你的网络“绑架”

每天打开电脑，溜达微博，上上QQ，成为了很多现代人的习惯。告诉自己，这只是生活的一小部分，给每天的上网时间设定一个上限，不要一整天一整天地挂着QQ，让它回归到聊天工具的位置上去，需要聊天了才打开。记住，他们都只是工具，别让工具“绑架”了你。

3. 关闭手机，别为网络站岗

朋友聚会，每人拿个手机自娱自乐；地铁上，打开手机刷个微博；参加学习班，要求手机关闭会心神不宁，生怕错过重要的电话；每天早上睁开眼，就要打开手机换个签名；每天钻进被窝，还要上网逛上一圈才能入睡。你，不是网络的奴婢。

4. 生活规律，避免日夜颠倒

长时间“宅”在家里，很容易导致生活节奏混乱，从而造成健康隐患。亚健康的身体状况，会加重低落的情绪感受，更加缺乏行动力，更不愿意出门。要想办法让自己走出这个怪圈。

5. 加入一个真实的社团

选择一个自己喜欢的兴趣小组或者学习小组，定期参加活动，就如健身减肥一样，在大家共同的带动下，比较容易坚持。参加一些社交的活动，实打实地恢复一下人气，你会发现，从人群中才能真正汲取到真实的能量。

6. 三五好友，定期见面

总得有那么几个好朋友，再忙，也要约出来经常见一见。面对面的交流，是一种非常深入的情感互动。用心去经营一份情感的关系，会让我们收获到很多心灵的成长，也可以让我们在累了的时候，重新获得力量。

7. 在工作中建立舒适的人际关系

有人会说，我平时的工作的确非常繁忙，周末根本没时间建设人际关系，那么营造一种在工作中与他人互动和情感交流的环境就非常关键了。利用经营情感账户的方法，建立舒适的职场人际关系，对于当下的职场人士来说尤显重要。

人是情感的动物，亦是群居的动物，只有健康的人际关系，适度的社交参与，才能让我们的生命处于一个正常而生机勃勃的轨道。

四、职业“人脉”决定职业高度

人力资源管理协会（Society for Human Resource Management）与《华尔街日报》共同针对人力资源主管与求职者所进行的一项调查结果显示，有 95% 的人力资源主管或是求职者，都曾透过人脉关系找到适合的人才或是工作，有 61% 的人力资源主管以及 78% 的求职者认为这是最有效的方式。

此外，调查还发现，对于人脉关系的作用，27.8% 的人认为有助于业务发展，15.89% 的人认为对个人职业指导起重大作用，6.94% 的人认为有助于专业技术上的交流与沟通。毕业生更倾向于人脉对个人职业指导的作用，而随着工作经验的丰富，人们慢慢更加关注人脉关系对于工作业务发展以及跳槽晋升等机会的影响

（一）积累职业“人脉资源”

图 7.1 表明了职业发展阶段与职业人脉拓展的关系。

如果你是职业经历 0-3 岁的菜鸟，你的人脉经营也许注定要“广种薄收”。

1. 熟人介绍

这是最传统也最见效的方法。一经熟人介绍，你便成了“朋友的朋友”，可以让我们迅速拉近距离，建立信任。另外，熟人好说话，你可以直接提出自己想要结识哪方面的人，出于什么样的需要，免去了拐弯抹角的很多环节。学哥学姐、同事朋友，要多多交往，多多交流。

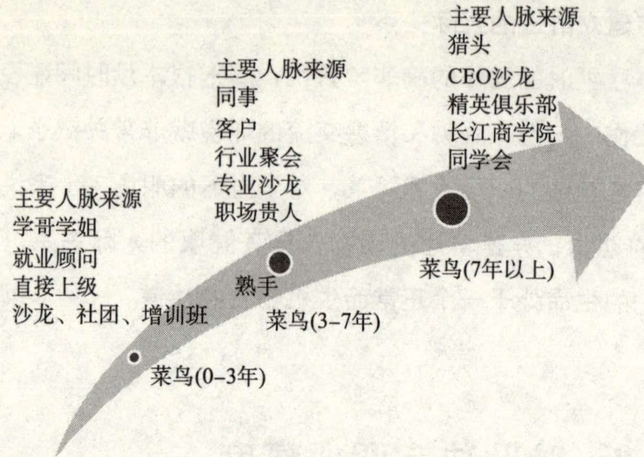

图 7.1　职业发展阶段与职业人脉拓展

2. 加入社团

这是拓展和经营人脉关系最重要的方式。社团往往聚集了某一类特定的人群，对于你有针对性的发展人脉关系效率非常高。

另外，社团多通过组织活动等形式拉近彼此的关系距离，减去了你自己精心筹划的环节，你只需加入活动即可得到资源。

在社团的各种活动中，是一个开放的平台，你可以展示自己，也可以更多地了解他人，这为你选择人脉提供了方便。

在社团中，大家志同道合，经过不断接触，往往可以发展出很多深入稳定的人际关系。

3. 参加培训

学习班不仅是一个学知识、长见识、开思路的好地方，更是我们借此拓展人脉资源的好机会、好平台。在培训中，我们又回到了“学生”的角色，回到那种单纯的情感模式中，这往往能够让大家抛弃利益的芥蒂，迅速加强友谊。

如果你是职业经历3-7岁的熟手，你的人脉经营要“精耕细作”。

1. 就地取材

你的同事和客户就是最好的人脉资源。同事的工作流动，可以帮助你拓展更多的行业资源、工作机会。客户的转介绍，也可以给你打开很多机会的大门。所以，经营职场人脉，要重视同事和客户的口碑效应。

2. 定向筛选

有一定职场经验的人士，应该逐步锁定自己职业发展的领域和专业领域，要多多有针对性地参加行业协会、专业社团和研讨会等社交活动，有针对性地在某个专业领域去积累人脉资源。

3. 结识关键人物

结识一些拥有特定资源的关键人物，比如猎头，比如某个行业的销售人员，比如特别善于交际的经纪人，比如某个领域的资深人士，结识他们，就等于结识了一个人脉“数据库”，事半功倍。

4. 重视质量

根据二八法则，哪怕我们积累的人脉再多，其实真正能对我们起到关键作用的人，也就只有那么几个，在职场中，他们就是我们的“职场贵人”。贵人可能是帮助你成长的那个人，可能是对你欣赏有加的那个人，可能是对你的某次转型起到关键作用的那个人，也可能是你在某个领域发展中至关重要的那个人。

如果你是职业经历大于7岁的资深人士，你的人脉经营要向“精准营销”转型。

1. 猎头

当你在某个领域“混”成资深人士后，猎头便会“光顾”你了。与猎头建立良好的合作关系和保持接触，可以让你获得更开阔的行业视角，更清晰的职业定位，更敏锐地捕捉到市场机会。

2. 同学发小

随着年龄的增长，我们许多曾经关系密切的“战友”都走上了关键的岗位，拥有众多资源，你们之间的相互提携、强强联手，必将发挥不容忽视的作用。

3. 精英聚会

读MBA，参加高档次沙龙，出席精英早餐会，早已不再是单纯地为了工作和学习。这种社交活动，更多的是在寻找商业机会和个人发展突破的机会。

（二）经营你的职业人脉

经营人脉关系，并无什么奇招，也没有什么一劳永逸的诀窍，以下的五大原则，是经营成败的根基。

1. 塑造你的价值

所谓“价值”，换个俗一点的说法就是你的“被利用价值”。

职业人脉关系，更多的是一种“工具型”人际关系，最终目的不仅是情感的交换，还包括资源的交换。所以，在你经营人脉的时候，首先就要想明白：我是谁？我要什么？他是谁？他要什么？他能给我提供我要的吗？我对他有用吗？

你越“有用”，或者你越“有潜力”，你就会得到更多人的关注，也将在人脉交往中更加主动。当然，如果我们是职场新人，那就要在自己的潜力上下点功夫了，要学会挖掘自己的连带资源（比如我认识谁，我的职业资源），实在不行，只有增加一些情感的攻势了，小人物也可以靠别人对我们的喜爱而被“提携”上位。

通常，很少人能和与自己地位相差太远的人建立真正的人脉关系。所以，即使你积累了再多的签名和合影，那些“大人物”也不会对你的发展有太大的帮助。积累人脉就像做销售一样，要先找好自己的定位和产品卖点，想好有效的说辞和展示形式，把你推销给你的目标客户。你的“价值”是你连接人脉的关键点。

2. 寻找你的职场贵人

职场前行，会不断遇到“贵人”，你也会有意无意之间成为别人的“贵人”，所以要广结善缘。

贵人很可能就在身边。在职场中，这些关键的人物有一些是“注定”对你意义重大的：你的直接上级，企业内部的 HR，你的合作伙伴，越是身边的人越应该重视和珍惜。

贵人还可能在哪里呢？最有可能与你发展深入关系的人，往往是在经历背景上与你有重叠之人：相似的教育背景，相似的生活经历，地缘的关系，这样一些重叠的关系会让你们彼此更加信任，关系更易于长期发展。在职场中，你的职业特征是一个显性的圈子，你的身世背景是一个隐性的圈子。隐性的圈子具有更大的深层动力。

3. 人脉开发与职业定位相匹配

如果你的定位是专业方向，走专家路线，你应该不断追求在专业方向的“制高点”上去拓展你的人脉资源。

如果你是一名销售人员，你自然会在意人脉的广度和利用效率。

如果你是一名 HR，那么无论你的人脉广度，人脉深度，都将是你需要不断努力去经营的。

人脉是我们事业的助力，人脉的经营是为我们的职业发展服务的。

4. 与人为善

人际关系有一个神奇的 6 人法则。曾有一个股票专家做过一个实验，将一封有关股票信息的电子邮件发送给一个陌生人，并要求这个陌生人把这封电子邮件转发给一个热爱炒股的人。当这封邮件第六次转发的时候，竟然转发回了股票专家手中。经过无数次的实验，从发出到收回，均没有超过 6 次转发，有人借此得出了一个初步结论，任何两个人之间的关系链不会超过六个人，即两个陌生人之间，可以通过六个人来建立联系。此为六人定律，也称作六人法则。

六人法则告诉我们，世界很大，也很小，任何人离我们都不遥远。也许你不善交际，也许你认为这次聚会和你的人脉规划并没什么关系，无论怎样，只要我们在人群中，我们就与人为善。保持给他人留下良好的印象，这样，机会就会在意想不到的时候到来。

5. 日积月累，集腋成裘

经营人脉关系，与我们经营其他人际关系是一样的，需要我们付出时间、精力、情感。

建立一个你的人脉数据库，把各种关系进行分类，哪些是需要偶尔发发邮件的，哪些是需要按时通通电话的，哪些是经常需要见见面的，哪些是我们要在生日的时候送个礼物的。

社会变化节奏快，如果我们不时时维护，人脉关系很容易变远、变淡。把一些重要的人脉关系，经营成彼此信任的情感关系，让他们在我们的人际支持系统里成为重要的角色，可谓一举多得。

经营自己的职业人脉，是职业人士成熟独立的表现。它意味着不仅要经营好当下所在企业的人际关系，更意味着到广阔的市场和社会中去经营自己的职业人际关系。人脉帮你打开事业坦途。

五、情商加油站

“人际关系”是指建设人与人关系的能力，人际关系的能力帮助我们建立和维护双方都满意的关系。人际关系能力的发挥，意味着在人际关系中轻松、舒服、敏感、平等，能够享受关系带来的情感需要。人际关系能力要求我们能够平衡给与和索取，对关系中的需求保持敏感，并能积极地创造双赢。

人际关系的能力，与设定边界、同理共情等情商技能相辅相成。同时，自我价值、自我肯定、情感自立等也是人际关系发挥的前提。

人际关系能力不足在职场可能的表现：

1. 建立亲密的关系有困难；
2. 不容易给予和接受关爱；
3. 与别人交往不自在，感到不舒服；
4. 在人际关系中都是泛泛之交；
5. 特别强调“给”或“取”，不能保持平衡。

“人际关系”能力使用过头的表现：

1. 特别需要人群，特别爱扎堆；
2. 注意力过度集中在他人身上，离开他人就什么也做不了。

六、情商测一测

社会支持评定量表（SSQ）

下面的问题用于反映您在社会中所获得的支持，请按各个问题的具体要求，根据您的实际情况做出选择。

1. 您有多少关系密切，可以得到支持和帮助的朋友？（只选一项）

（1）1 个也没有　　（2）1—2 个

（3）3–5 个　　（4）6 个或 6 个以上

2. 近一年来您的状况符合以下描述：（只选一项）

（1）远离家人，且独居一室。

（2）住处经常变动，多数时间和陌生人住在一起。

（3）和同学、同事或朋友住在一起。

（4）和家人住在一起。

3. 您与邻居的状况符合以下描述：（只选一项）

（1）相互之间从不关心，只是点头之交。

（2）遇到困难可能稍微关心。

（3）有些邻居很关心您。

（4）大多数邻居都很关心您。

4. 您与同事的状况符合以下描述：（只选一项）

（1）相互之间从不关心，只是点头之交。

（2）遇到困难可能稍微关心。

（3）有些同事很关心您。

（4）大多数同事都很关心您。

5. 从家庭成员得到支持和照顾的状况符合以下描述：（在无、极少、一般、全力支持四个选项中，选择合适选项）

I. 夫妻（恋人）

A 无　　B 极少　　C 一般　　D 全力支持

II. 父母

A 无　　B 极少　　C 一般　　D 全力支持

III. 儿女

A 无　　B 极少　　C 一般　　D 全力支持

Ⅳ. 兄弟姐妹

A 无　B 极少　C 一般　D 全力支持

Ⅴ. 其他成员（如嫂子）

A 无　B 极少　C 一般　D 全力支持

6. 过去，在您遇到急难情况时，曾经得到经济支持和解决实际问题帮助的来源有：

（1）无任何来源。

（2）下列来源：（可选多项）

A. 配偶　B. 其他家人　C. 亲戚　E. 同事

F. 工作单位　G. 党团工会等官方或半官方组织

H. 宗教、社会团体等非官方组织　I. 其他（请列出）

7. 过去，在您遇到急难情况时，曾经得到的安慰和关心的来源有：

（1）无任何来源。

（2）下列来源（可选多项）

A. 配偶　B. 其他家人　C. 朋友　D. 亲戚

E. 同事　F. 工作单位　G. 党团工会等官方或半官方组织

H. 宗教、社会团体等非官方组织　I. 其他（请列出）

8. 您遇到烦恼时的倾诉方式：（只选一项）

（1）从不向任何人诉述

（2）只向关系极为密切的 1–2 个人诉述。

（3）如果朋友主动询问您会说出来。

（4）主动诉述自己的烦恼，以获得支持和理解。

9. 您遇到烦恼时的求助方式：（只选一项）

（1）只靠自己，不接受别人帮助。

（2）很少请求别人帮助。

（3）有时请求别人帮助。

（4）有困难时经常向家人、亲友、组织求援。

10. 对于团体（如党团组织、宗教组织、工会、学生会等）组织活动，您的

选择是:（只选一项）

（1）从不参加

（2）偶尔参加

（3）经常参加

（4）主动参加并积极活动

社会支持评定量表条目计分方法

1. 第 1–4，8–10 条:每条只选一项，选择 1，2，3，4 项分别计 1，2，3，4 分。

2. 第 5 条分 A，B，C，D 四项计总分，每项从无到全力支持分别计 1—4 分。

3. 第 6、7 条如回答“无任何来源”则计 0 分，回答“下列来源”者，有几个来源计几分。

社会支持评定量表分析方法:

1. 总分：即十个条目计分之和。

2. 客观支持分：2，6，7 条评分之和。

3. 主观支持分：1，3，4，5，条评分之和。

4. 对支持的利用度：第 8，9，10 条。

分数越高，说明你的社会支持度越高，你具备更多的获得支持的资源和方法。分数如果偏低，你则需要检查一下，看看自己哪方面的支持出了问题。

第八课　乐群利他

生命的意义在于付出，在于给予，不在于接受，也不是争取。

——巴金

一、奉献精神从未走远

秦婕，遵义女孩儿，大学专科毕业生，在一家文化传媒公司工作，由于身体的原因，需要辞职离开公司。这么普通的一个小人物，令很多人感动不已，原因是秦婕给老总递交了一封不同寻常的辞职信。

没有感动的话，甚至连辞职的理由都没有说明，这样一封打动人心的辞职信里究竟写了些什么呢?

老大：

这是我第一份工作，在这里我完成了从学生到员工这一身份的转变，谢谢你们培养了我！但很抱歉的是，我将不得不离开这份我喜爱的工作。

感谢的话不多说，在公司转眼已工作了三个半月，有一些工作需要向你交接：

一、以下是我曾经对接过的和今后仍需对接的关系（部门），希望能给新的同事以帮助。

（详细列举出了她曾对接过的部门，以及相关负责人的联系方式。）

二、需交接的相关文件：

（列举出了她整理出来的统计资料、书刊、办公文件等，其中还赫然写着“名片半盒”……）

三、电子档相关文件整理：

对接名单我整理出了一份电子文档，存在我办公桌电脑E盘的“对接名单”文件夹里，其他文件我已按照其重要性和文件性质，分类存放在了D盘的相关文件夹里，以下是具体说明……

四、部门工作情况汇报：

……

秦婕的老板为了这封辞职信十分动容，就为了这个，公司决定为她专门开一次送别会。公司自开办以来，前前后后走了许多人，有能力、才华比她强的，有资历比她老、名气比她大的，但都没有享受这个待遇。老板说，秦婕在工作上还是新手，也没对公司作出什么特别的重要贡献，但她这封辞职信却在内心深处打动了我，让我觉得，现在的年轻人能有这么强的责任心，能在任何时候不忘替公司考虑，很难得。老板决定，让所有员工都认知一下这个不起眼的小姑娘。

这封辞职信，不仅感动了老板、感动了秦婕的同事，更是在网络上被争相转载，触动了无数职场人的心。

在这个变得尤其关注“自己”的社会里，这样的一封信，触动了人们内心深处最柔软的那份良知。

“无私奉献”曾经是一代人的精神信仰，在过去的岁月里，曾经激励了无数劳动者，在自己的岗位上挥洒自己的青春和热情。世事变迁，如今，我们如何看待“奉献”？“奉献”离我们有多远？

中华英才网（ChinaHR.com）曾面向3000名职场人士，进行了一次主题为“职场奉献精神”的专业调查。令我们欣慰的是，80%的受访者认为，职场需要奉献精神；只有2成的职场人士表示“市场经济时代，谈无私奉献有点过时”。有43%的受访者表示，“无私奉献”是自己的“内在品质”，无论到哪里，都会坚持这种品质。

原来，在我们的心里，奉献精神并未走远，从未走远。任何组织里都有一些乐于奉献的员工，淡泊名利不计较回报。本次调查中，接近3成的受访者明确表示身边存在这样的“活雷锋”，受访者中没有人感觉“活雷锋”是为了出风头、拍马屁。

然而，调查数据也真实反应了职场中奉献精神的时代烙印。56%的受访者认为，未来的职场奉献精神将越来越少，人们只会越来越看重自己的利益。50%的受访者表示自己是否“奉献”，还要看企业是否“值得奉献”。当被问及“是否愿意为自己所在公司无私奉献”时，超过7成的受访者表示“不能够”或“说不好”，只有27%的受访者做出了肯定的回答。这个结果并非意料之外，应该引起企业的反思。

奉献，是全社会需要共同面对的一个课题。情商指标中“乐群利他”，反映的是能够为他人服务、与他人共事、乐于融入集体、接受他人、凭良心办事，愿意为集体和社会做出贡献的情商能力。这种能力的核心就是“奉献”。在这个崇尚个性，追求自我实现的社会里，依旧保持这种能力的人，是具有巨大内心正能量的人。乐于奉献，不仅表现在积极的团队合作关系，表现为“主人翁”的职业精神，还表现为对待社会和生存环境的一份责任感。

二、乐于奉献，源自内心的富足

什么是奉献精神？调查中，31%的受访者认为，身在职场，应当“主动承担更多的责任”；25%的受访者表示，应当和同事“同甘共苦”；22.4%的受访者表示，在自己价值观中，认同以“公司利益为上”的观点；也有20%的受访者表示“做好本职工作即可”。

（一）乐群利他，从认真负责开始

“乐群利他”并不是要求我们为社会奉献一切，为集体抛却自我，能够从自己的本职工作开始，认真负责、乐于协作，完成组织目标，其实是最重要的乐群利他。

就像秦婕一样，对于本职工作兢兢业业，不给团队拖后腿，保守秘密，对企业负责；离开时，认真地交代工作。这样的员工，无论在到哪里，都是组织最需要的基石。

很多时候我们抱怨社会的不公，感叹“世风日下”，鄙视乃至“愤恨”很多社会现象。这些抱怨和愤怒都不具有真正的改变力量。唯有坚持从自己做起，才能真正体现个人对组织、对社会的价值。

（二）脱颖而出，只因“多做一点”

坦普尔顿通过大量的观察研究，得出了一条很重要的“多一盎司定律”（英美制重量单位：一盎司等于 28.35 克）。他指出，取得中等成就的人几乎做了同样多的工作，而取得突出成就的人只是比取得中等成就的人多付出了很少的一部分努力——“多一盎司”而已。但其结果，无论是个人成就还是对组织的贡献，两者却经常有天壤之别。

秦婕也是因为多做了这“一盎司”，而让老板和同事佩服和感动。在她的交接清单里，多了这小半盒名片；在她整理的文件里，只是把文件又多分了一个类别，方便大家查找。

“多加一盎司”，难的并不是精力和体力上的付出，难能可贵的是在“多一盎司”的时候，那一点点责任心、一点点决心、一点点敬业的态度和自动自发的精神。很多时候，我们“多加一盎司”，将会带来数倍于一盎司的回报。

（三）勤于补位，付出便是收获

我的职业经历完全可以说明，在职场中，不仅要乐于分享，还要敢于付出，勤于补位。这一点，我在管理培训部门的时候，体会尤为深刻。

1. 伸把手，换资源。

市场部经常组织客户会议和一些客户活动。大型活动的时候人手不足，我就主动让本部门能抽出时间的老师去帮忙。这些互动，不仅建立了两个部门的良好关系，更是帮助培训部的老师在客户会议上搜集回来了很多很好的一线案例，丰富教学内容。随着这种“跑位”的频繁，市场部还和培训部共同建立了一个优秀的客户案例库，市场部利用和客户接触的机会，主动帮助培训部采集回来很多难得的客户意见。

2. 多搀合，多受益。

作为大型的呼叫中心，招聘部门每个月会给我们培训部门输送上百名新入职员工，经过我们的培训考核，补充到业务团队。可是业务团队老是说，新进部门的员工学得不好，还是不能独立工作。培训部的老师说：“我们是按教学计划和课表严格执行的，这个教学计划也是各部门讨论通过的，我们该做的都做了，我们没问题。有些素质不是靠短期培训就能培养出来的，是招聘部门招的人不行，要不就是业务部门用人不当。”

然而我觉得，不是你认为自己做好了，这事就做够了。我开始广泛“参合”其他部门工作，去招聘现场，和招聘经理聊天，也去业务部门蹲点，看看新员工遇到了哪些问题。我们开始帮助招聘人员学习业务知识，让他们更加了解业务部门的需要。我们也开始培训业务部门的管理人员，帮助他们提升面试提问的技能技巧。在大家的“联动”下，人力资源部门开始调整招聘策略，和一些职业学校建立合作关系，我们更是把培训延伸到了职业学校的在校课程当中。慢慢地，招聘渠道的候选人质量提高了，我们对候选人的了解也更全面了，自己的工作自然也更轻松高效了。

3. 补空缺，自己顺。

在员工培训的过程中，我们遇到了一个问题：新招聘的电话销售员往往没有太多工作经验，在经过2周的短期培训后，仅能达到对产品知识和业务基本熟悉，依然缺乏实战的锻炼。当把他们输送到业务部门后，面对非常大的业绩压力，他们往往手足无措，本来学会的那些“话术”也发挥不出来了。而业务经理每天有大量的管理工作，很难单独抽出时间来辅导新员工。这造成了新员工大量流失。业务总监想到了我们在管理流程中缺失的一环，认为新员工在培训完成到输入业务部门之间，还应该有一个“试运行”的环节，应该有专门的培训经理像带徒弟一样，先把这些新员工集中起来模拟实战一段时间。然而，这个环节由谁来做呢。很多人会认为，多一事不如少一事，这个工作谁也没经验，万一干不好还要被埋怨。可是环节不畅，每个岗位都将遭受损失。于是培训部和业务部门共同组建了一个新员工的“蓄水池”，开始“补位”。培训合格的员工，先进入“蓄水池”工作，那里工作流程，工作内容都和业务部门一样，业绩压力却很小。还有专门的对培养新员工很有经验的经理和培训师负责对他们跟踪辅导，直到他们熟悉业务，能够成功签到第一笔订单，才让他们从“蓄水池”鱼跃龙门，进入业务部门工作。这个环节的“补位”提高了整体的工作效率，解决了很多工作中的现实问题，使我们原有的工作产生了更大的价值。

在团队中，如果我们每个人都能尽心尽力地做好自己的工作，积极热心参与团队活动，多多参合，乐于分享，扮演有建设性的成员角色，那么最终受益的将是我们自己。

（四）乐于分享，与快乐同行

这是一个充满“竞争”的社会，然而这份“争分夺秒”“你追我赶”却没有给我们带来心灵的平和。

“竞争”与“分享”并不矛盾，能够把他们融合的，唯有一颗因求“双赢”而富足的心。

大型电话销售团队，六十多个销售部门，六十多个销售经理，每个月都开展业务竞赛，相互竞争，每个季度都有优秀的销售经理被晋升为高级经理、销售总监，当然，也有人会被淘汰。慢慢的，我们发现，那些业绩稳定、晋升顺利的销售经理们，有一个共同的特征，就是乐于分享。

他们善于学习他人的经验，也经常组织团队内部进行经验的分享，他们不与邻为壑，经常应邀给培训部门提供经验和案例，甚至，他们也不介意去其他的“竞争对手”团队介绍自己的成功秘诀。他们上进而且开放，对于其他行业、其他竞争对手公司的做法经验也会按需吸纳。我曾经问过一名销售经理，你不怕人家学了你的经验，偷走你的秘密武器吗？他哈哈一笑，很牛气的说：“跟下手下棋，只会越下越臭的。大家都提高，我们才更有进步的空间。再说了，那些秘诀，等他们学会了，我们早都升级了。还有啊，如果别人都太差劲了，在客户那里影响了公司的形象，我的业务也会难做啊，一损俱损，一荣俱荣嘛。我不仅愿意公司其他部门销售增长，我还愿意竞争对手销售增长，市场越热，客户越认可这款产品，我们自己的销售难度也会大大降低。”

这便是乐于分享的智慧。在生活和工作中，我们都不排斥“比赛”，它可以让我们以更快的速度成长。但比赛中的很多时候并不是你死我活的对垒，也是一种相互鼓励的并肩前行。

“生活本是一场自助餐，其实每个人都可以各取所需。”世界很大，机会很多，资源很丰富。这世界上最宝贵的资源都是免费获得的，就如阳光、空气和爱。正是因为这份内心的富足感、安全感，我们才乐意奉献，敢于付出，舍得分享。而生活回报给我们的，是更多的机会和精彩。

三、信誉是职场的基石

在群体中，我们一方面要乐于参与，乐于奉献；另一方面，更要信守承诺，不做损害他人或集体利益之事，否则将严重影响我们的“职业信誉”。

“中国网络第一案”中，“熊猫烧香”病毒作者李俊曾一度被人誉为“毒王”，一个月就能进账14万余元。然而“黑客”的这份收入却是以伤害他人的利益为代价的，李俊也因为制造病毒锒铛入狱。当他重获自由时，他的职业生涯又将面临怎样的局面呢?

李俊在出狱后来到北京求职，目标是能发挥“技术优势”的IT类公司。然而，他的争取仅换来了金山公司颁发的民间“安全观察员”证书。众多“杀毒”公司，瑞星、奇虎、江民等都无法接受这位技术精湛的“毒王”，甚至其中一家公司拒绝李俊的拜访。

雇主对李俊的拒绝，自然各有各的原因。无论理由是哪般，都逃不过对你个人品格的质疑，都掩饰不住对你曾经犯下的错误的担忧。职场信誉一旦受损，代价惨重。

社会应该给人改过的机会，但是这个机会绝对不会来得那么轻松。在规范、法制化的市场环境下，个人信誉不再是一个虚无的口号，我们的每一次消费，每一次还款都会被记录在银行的个人信用系统里，这些记录又会在我们办理信用卡、申请贷款时候，起到不容忽视的作用。我们的各种信用状况，将越来越详细的被记录在案供信用查询。

职业人信用管理也开始成为一个新名词登上历史舞台。据了解，目前我国公务员人事档案开始逐渐引入职业信用档案管理模式。职业人简历渗水造假、员工频繁跳槽、商业机密泄露、客户信息流失这些日益严重的职业信用问题，已经引起社会的广泛关注。

所谓“出来混，迟早是要还的”，在职场中，我们如果做了损害他人，损害集体和社会的事，个人信誉度一旦遭到破坏，重新建设非常不易。一旦有了不良记录，“开不了卡”、“贷不上款”的悲剧就将在职场上演。

职场信誉不仅出自于你在职场的表现，也涉及到你生活中的言行态度、做事做人。“疯狂英语”创始人李阳，曾经拥有众多超级粉丝，同时也打造了一个迅速成长的教育帝国。随着他个人生活不检的曝光，他对家庭的态度备受诟病。“我的信念就是如此，如果没有事业，人就没有活着的价值，就算养大了孩子又怎样？”工作与家庭的失衡，“非主流”的教育观念，成为了李阳夫妻双方矛盾的导火索。家暴事件的出现，使李阳遭受了前所未有的质疑。不可避免的，同时遭受质疑的还有他的事业——疯狂英语的品牌。李阳也不得不承认：“担心因为此事影响到公司未来的发展，肯定会有一部分家长改变自己的选择。”

曾经被誉称“英语播种机”、“人生激励导师”的李阳，变成了“家暴门”的男主角后，他本人以及整个公司的信誉遭受到重大损失。我们应该思考，如何“表里如一”地对待自己的事业、对待自己的家人、对待属于自己的生活和人生。

对于大多数职场上的普通人来说，我们从来不曾这么出名，没有那么多人关注，信誉有那么重要吗？我们的信誉体现在哪里呢？

你在求职的过程中一定听说过这个词：“背景调查”。在你填写简历的时候，有的公司需要你写下之前工作的证明人，“背景调查”是猎头公司在推荐候选人时的一项常规工作，企业的HR们对于关键岗位的候选人也会采取各种各样的方法履行“背景调查”。“背景调查”标准流程是指，通过求职者提供的证明人或以前工作的单位，核实求职者的个人资料。然而实际操作中，更多的时候，HR们会找到圈内的好友、过去的同事甚至客户，只是问一问“这个人怎么样？”世界很小，越走向高处你越发现，你所在的行业、领域，熟人很多。这一问的背后，考量的就是你日常点点滴滴对自己职场信誉的积累。

关于职场信誉，我们通常不会犯大错，却未必都能够重小节。以下细节，也许有些启发，点滴做起就可以帮你维护职场信誉。

任何时候，履行承诺，说道做到；

有时间概念，按时赴约。把表调快10分钟；

多考虑别人的感受，妥善处理矛盾；

抵制好奇心，谨慎八卦，尊重不在场的第三人，不道人长短；

对于不能完成的工作任务或工作的失误给出交代；

负责任地离职，永远不说前任雇主的坏话；

尊重你的客户，他也可能成为你下一任雇主的客户；

打理好你的后院，在私生活和工作之间保留界限；

对清洁阿姨微笑，她可能在无法想象的地方谈论到你；

远离信誉度不良的同事和雇主，你和谁在一起也很重要。

著名商务形象设计师说过：“如果你穿错了衣服，没有人会告诉你；如果你不懂搭配，没有人会告诉你；如果你头发不整，没有人会告诉你。但是，人人都会看在眼里、记在心里，这些小节正在诋毁着你！

职场信誉伤不起啊！

四、社会责任，永不过时

我问过身边的朋友，什么是社会责任？有人说，不乱丢垃圾呗；有人说，不做违法乱纪的事呗；有人说，环保低碳呗。然而，究竟什么是社会责任，如果话题深入下去，大家又往往一脸茫然。

龙应台这样说：“孩子，你是否想过，你今天有自由和幸福，是因为在你之前，有人抗议过、奋斗过、争取过、牺牲过。如果你觉得别人的不幸与你无关，那么有一天不幸发生在你身上时，也没有人会在意。我相信，唯一安全的社会，是一个人人都愿意承担责任的社会，否则，我们都会在危险中、恐惧中苟活。”

我们也有孩子，我们无法接受小悦悦的悲剧重演；我们都会变老，都希望老有所养、共享天伦；我们都是这个社会的一部分，无法远走高飞独善其身。

翻开感动中国的年度人物介绍，一个个小人物的经历让我们动容，他们在用自己的行动诠释“社会责任”。

孟佩杰，90后女生，从8岁起照顾养母，12年擦屎喂饭，不离不弃。2009年被距离家乡百公里外的山西师范大学临汾学院录取，不放心瘫痪在床的养母，她决定“带着母亲上大学”。在有些90后还在理直气壮地“啃老”的时候，这个小姑娘却在学校附近租了房子，悉心照料养母。

尽孝，是一切善德之始，一切幸福之源。孟佩杰说：“我只不过是做了每个女儿都会做的事。”一屋不扫何以扫天下，社会责任，首先是对自己、对家人负责。危难之中，她做到了。幸福中的我们，做得如何？

阿里木江·哈力克，靠卖羊肉串谋生的维吾尔族大汉，被誉为“草根慈善家”。他十年如一日，坚持用卖羊肉串的微薄收入资助贫困学生，先后捐赠二十多万元，资助了数百名贫困学生，并在贵州毕节学院设立了“阿里木助学金”。

王顺友，一名邮递员。20年来在雪域高原跋涉了26万公里，相当于走了21趟二万五千里长征或者绕地球赤道6圈。大山深处孤独上路，险象环生，跋山涉水，餐风露宿，每年投递报纸8000多份、杂志700多份、函件1500多份、包裹600多件，投递准确率达到100%。

太多的时候，我们不知道工作为了什么？我们坐在空调的写字楼里抱怨堵车，我们不咸不淡地做着工作，嫌老板太苛刻。

我们是不是活的太矫情了？我们是不是不太珍惜自己拥有的？对于工作和职业的责任，我们的“投递率”能够达到多少？

喝滇池水长大的张正祥深爱滇池，他拿着昆明市政府1988年颁布的《滇池保护条例》开始了他的滇池保卫战，绕滇池走了一千多圈，把采石场破坏环境的场面拍成照片，向有关部门进行反映，不惜家人被威胁，自己遭毒打。人们称他为“张疯子”。张正祥说：“不是我疯了，是那些（破坏环境的人）人疯了。是那些人不知天高地厚，疯得只知道钱了。”

这种正义的血性，在你的身上还会有吗？除了“抱怨”，我们会挺身而出吗？为了我们的社会、我们的环境，我们肯少开一天车、调低一度空调、做出一些力所能及的贡献吗？在“财富”和“责任”之间，我们又将如何取舍？

诺贝尔文学奖获得者萧伯纳说：“人生不是一支短短的蜡烛，而是一支由我们暂时拿着的火炬，我们一定要让它燃得十分光明灿烂，然后交给下一代的人们。

社会责任，永不过时。

五、情商加油站

“乐群利他”是一种内心富足的、乐于奉献的人生境界。

乐群利他的人，是一个有建设性的团队成员，在群体里，善于合作，乐于贡献。

乐群利他的人，渴望并能够自愿为社会、自己所处的团体和他人的总体福利做出贡献。即使不能从中获利，也要以负责任的态度行事。

乐群利他的人有社会责任感，依照自己的良心和社会准则做事，不欺骗和利用他人。

乐群利他的员工是杰出的企业成员，他们会为共同认可的部门目标、企业目标、企业社会责任做出自己应有的贡献。

人生奉献的前提是内心的富足。“乐群利他”情商水平发挥的前提，依赖于“自我价值”、“情感自立”、“自我肯定”、“同理共情”等情商能力的完善。

乐群利他，不仅仅是一项涉及人际关系的情商技能，更是一种人生的态度，一种人生的信仰和追求。

“乐群利他”能力不足在职场可能的表现

不愿意合作，过度考虑自己得失；

习惯用利于你的方式行动，不考虑别人；

难以与他人合作；

有时候有意识地利用他人。

“乐群利他”能力使用过头的表现

沉溺于对他人的关心；

沉浸在“奉献”过后的道德优越感；

享受作为拯救者的崇高感。

六、情商测一测

员工敬业精神测试

测测你在职场中的敬业精神：

1. 不拿公司的一针一线。

A、不同意　　B、介于A、C之间　　C、同意

2. 看到别人违反规定，会向相关领导反映。

A、不同意　　B、介于A、C之间　　C、同意

3. 凡与职务相关的事情，注意保密。

A、不同意　　B、介于A、C之间　　C、同意

4. 不到下班时间，不离开工作岗位。

A、不同意　　B、介于A、C之间　　C、同意

5. 不采取有损于本公司名誉的行动，即使这种行动并不违反规定。

A、不同意　　B、介于A、C之间　　C、同意

6. 对本公司有利的意见或方法，都提出来，不管自己是否得到相应的报酬。

A、不同意　　B、介于 A、C 之间　　C、同意

7. 不泄露对竞争者有利的信息。

A、不同意　　B、介于 A、C 之间　　C、同意

8. 注意自己和同事们的关系。

A、不同意　　B、介于 A、C 之间　　C、同意

9. 接受更重要的任务和更大的责任。

A、不同意　　B、介于 A、C 之间　　C、同意

10. 只为本公司工作，不兼职其他任何公司或兼职创业。

A、不同意　　B、介于 A、C 之间　　C、同意

11. 对外界人士要说有利于本公司的话。

A、不同意　　B、介于 A、C 之间　　C、同意

12. 为了完成工作提升技能，在工作时间以外主动学习。

A、不同意　　B、介于 A、C 之间　　C、同意

13. 用业余时间研究与行业和专业有关的信息。

A、不同意　　B、介于 A、C 之间　　C、同意

14. 购买本公司的产品或服务。

A、不同意　　B、介于 A、C 之间　　C、同意

15. 为了工作绩效，要做到劳逸结合。

A、不同意　　B、介于 A、C 之间　　C、同意

同意计 2 分，不同意为 0 分，介于两者之间计 1 分

计分评估：

0~10 分：你的敬业精神不太好。对于工作，你总是敷衍了事，总是喜欢倚靠其他人。对工作积极性不高，经常为自己的失职找借口。头脑里没有对敬业的理解，更不会认为职业是一种神圣的使命。你应该培养对自己所从事职业的兴趣，鞭策自己对工作品质严格要求，并珍惜现有的工作机会，时时自我勉励。同事间互相学习、扶持，养成守本分务实的观念。

10~20 分：你的敬业态度为中等。对于工作你能够按时完成，效率虽然不是很高，但也不会拖大家的后腿。偶尔也会在工作中偷懒，不负责任，但总的来说你还是能够做好份内的事。你要以更积极态度对待工作，胜任自己的工作，保持良好的精神状态，这样才能得到同行的认可。

20~30 分：你的敬业态度为卓越。对待工作充满激情，尽职尽责，一丝不苟。对于工作，你从不偷懒、拖延。不论自己份内的工作是多少，你都会尽心尽力完成。你对于工作中遇到的问题不会徒劳地抱怨，而且对于艰难的工作，你还会主动请缨、排除万难。对待工作充满激情，一丝不苟。因此你总是老板的得力助手。

第九课 情绪唤醒

激情是企业的活力之源。

——杰克·韦尔奇

一、情绪带来绩效价值

国外的组织行为研究发现，如果人们以保住饭碗为最低要求而去工作的话，其努力程度和情绪状态的投入程度有30%就够了。而一个星级员工，即一个对待工作充满热情的员工，他的情绪投入程度可以达到80%。这种积极的情绪投入，被形象喻为“心动力”。这种来自内心的情感动力，被证明为绩效的成长带来了巨大的空间。

情绪，就是生产力。

心理学研究发现，无论从事体力劳动还是脑力劳动，人们都需要有一个积极的情绪状态，才能高效率地完成任务。如果员工在工作时有一个饱满和积极的情绪体验，才能在工作中表现出积极的行为准备状态以投身于工作；才能更快、更融洽地融入组织，承担工作角色；才能对变化有适应力，努力解决问题，从而实现高绩效。这即是“心动力”发挥效用的表现。反之，如果员工在对工作认知过程中产生了厌恶和消极的情绪体验，则工作中会表现为消极怠工甚至拒绝工作。

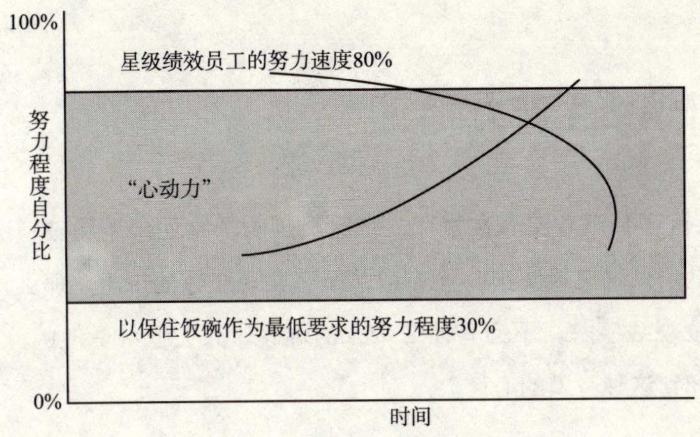

图 9.1　情绪投入与绩效成长

《2010 年中国职场人士工作倦怠现状调查报告》揭示了“心动力”严重不足的职场现象。调查数据表明，有 74.6% 的被调查者表现为轻度的工作倦怠；有近 43.2% 的被调查者出现中度的工作倦怠；有 10.8% 的被调查者出现严重工作倦怠。也就是说，在我们身边的 10 人当中，就有 1 人出现严重的工作倦怠现象，这一现象值得社会和企业管理者关注。

调查数据表明，男性比女性工作倦怠更为严重。具有大专学历和本科学历的人群出现工作倦怠的比例较高，分别为 17% 和 16%。三资企业的在职人士出现工作倦怠的比例最高，为 18.5%；其次是政府机关或事业单位为 16.6%；国有企业为 16.2%；而民营企业职业倦怠程度相对较低，仅为 15.8%。

调查中还有一个令人惊讶的数据，即 25 岁以下的人群中有近四分之一出现工作倦怠，刚入职场，就厌倦职场，不是不会做，就是不愿意做。如何唤醒员工的“心动力”，成为企业管理面临的巨大挑战。

工作情绪不足甚至倦怠，会带来高离职率，并造成工作满意度降低，工作动机、工作技能无法提升，对待工作的态度、对待客户的态度出现问题，工作质量和工作业绩也很难保证。

保持积极的“心动力”，避免进入“倦怠”的职业情绪中，需要使用情绪唤醒的情商能力。情绪唤醒帮助我们提升工作兴趣，激发积极情绪，持续地保持工作所需要的情绪状态，从而提升自我工作效能和企业绩效。

二、提升情绪生产力

《美国银行家》杂志发表文章称，银行员工的情绪如果无法被唤醒，如果出纳人员认为他们只是兑换支票，而非帮助顾客实现赚钱的梦想，那么，他们就不会与顾客建立视线接触，不会有什么个人的温暖，只会低头看他的账本。当然，顾客也会感知到这种冷漠的心态。

（一）情绪唤醒并非越 HIGH 越好

研究者对情绪的唤醒水平和个人绩效行为之间的关系进行了研究，发现对不同难度的工作任务而言，最佳的情绪唤醒水平不同（见图 9.2）。

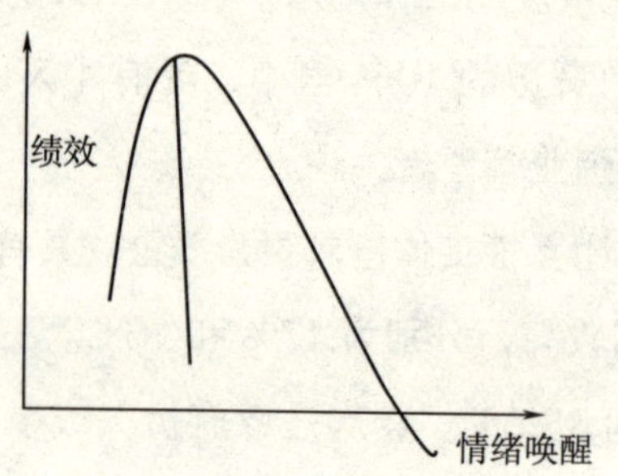

图 9.2　耶克斯 - 多德斯曲线

对于困难复杂的工作，成功完成需要情绪唤醒水平较低，紧张、焦虑、甚至兴奋等强烈的情绪会导致个体手足无措。对于简单容易的工作任务来说，高唤醒的情绪水平能够激发出成绩。

（二）有效唤醒的情绪特征

1. 情绪比较稳定

有品质的情绪不是咬牙跺脚的激动，而恰恰是有厚度的平静。情绪镇静、心平气和，给稳定持续的情绪力量提供了支持。

2. 情绪比较饱满

情绪饱满不是指情绪紧张，而是一种有力量、厚积薄发的状态，既跃跃欲试，又按部就班，很带劲也很自由。饱满的情绪状态会充分调动起智力因素与身体状态，让我们的创造性、想象力发挥出来，同时注意力能够高度集中，身体好像也有使不完的劲。

3. 情绪能够被控制

情绪持续饱满是不现实的，在长时间坚持投入一项工作时，情绪难免会有波动。有品质的情绪状态，能够应对这种波动，张弛有度。遇到情绪的波动，也能够迅速地调整和恢复。

4. 处于积极情绪状态

情绪状态整体是正面的，积极的，积极的情绪占主体地位，就能够体验到愉悦、平和、幸福、满足等情绪感受。

（三）积极的情绪的价值

罗素（Russell）说："积极情绪就是当事情进展顺利时，你想微笑时产生的那种好的感受"。

积极情绪（positive emotion）包括快乐（joy，happy）、满意（contentment）、兴趣（interest）、自豪（pride）、感激（gratitude）和爱（love）等。

1. 积极的情绪产生积极的行动力

消极情绪（负性情绪），是在应对具有生存威胁的环境中逐渐进化而来的，愤怒生成攻击欲求，恐惧产生逃离欲求，厌恶引发驱逐欲求。这种特定行动的趋势对于应对危险和生存挑战是必须的和关键的。然而，随着社会的进步，积极情绪越来越成为大家追逐的目标，追求幸福体验成为主流。积极的情绪让我们愉快、高兴、满意而放松；让我们接近和探索新颖事物，保持与环境的互动；让我们冲破限制，创新并掌握新的信息和经验，在这个过程中促进自我发展的愿望；促使我们与他人分享成功，愿意和爱的人在一起。这些美好人生的幸福体验，都源自积极情绪的支持。

2. 积极的情绪调动心理资源

Fredrickson等研究者让大学生观看引发快乐、满意，或愤怒和焦虑状态的影片，然后对观看不同情绪影片后学生的注意范围和思维活动序列进行了测量。研究发现，积极的情绪能够扩展注意范围，增强记忆力，使个体在解决问题时更加灵活、完整、有效地进行思考和判断。

积极的情绪是我们创造力、记忆力、注意力品质、观察力等众多心理资源的发动机。人快乐起来，都会变得越发聪明。

3. 积极情绪是和谐人际关系的关键

没有人喜欢被批评和指责，没有人喜欢听逆耳的言语，没有人喜欢被欺骗、抱怨、攻击，没有人喜欢和令人“不舒服”的人相处在一起。这个不舒服，就是情绪的感受。

积极的情绪会带来友好的氛围，甜蜜的感受，对他人的尊重和支持，这是建设良好人际关系的核心要诀。

4. 积极情绪有利于身心健康

美国心理协会的马丁·塞利格曼和格雷戈里·布坎南在研究中发现，乐观与身体状况的改善有密切关系。他们研究了常常感觉到郁闷的两组大学一年级学生，接受了乐观训练的一组谈到，他们开始较少发生消极精神健康问题，身体状况良好。在日常生活中，积极情绪或心境高于消极情绪或心境的个体，具有更高的心理弹性，更有活力，生活得更幸福。而悲观和抑郁会对治疗和身体有影响，122名首次心脏病发的男性进行乐观及悲观程度测试。8年后，在25名最悲观的男性中，有21人已经死亡，而在最乐观的25名男性中，只有6人死亡，且乐观者比悲观者康复更快。在面临困难和挫折的压力状态下，积极的情绪可以调动我们身心的资源，让我们度过难关。

5. 积极情绪推动组织绩效发展

积极情绪不仅对于个体具有重要的作用，对于一个组织来说也是非常重要的。组织内的积极情绪可以相互感染和传递，对于营造积极的组织氛围是极为关键的，能够激励组织中的员工提升工作绩效，从而提高组织的效能。

三、进入神驰的工作状态

“神驰”是一种忘我的工作状态，是一种自然的愉悦，是在精神高度集中专注的时候，情绪自然流淌的状态。神驰通常都是在你做自己真正热爱的事情的时候才出现。

其实“神驰”并不神秘，与知己秉烛促膝倾情分享，小团队里一次热烈的“头脑风暴”，投入地演唱一首自己的拿手曲目，在体育运动中实现突破进入到巅峰状态，这些时刻我们都会经历“神驰”那种忘我和狂喜的状态。

“神驰”的状态有几个特征：

1. 注意力放松而又高度集中，没有杂念。

2. 行动变得高效而反应迅速。

3. 在挑战和技巧之间有一种平衡。

4. 根本不担心失败。

5. 没有杂念，没时间关注别人的评价，忘我。

6. 一般会忘掉时间。

当软件工程师在进行一项技术项目的程序开发而忘记了时间，当培训师在和学员充分互动，当服务人员沉浸于为往来的顾客提供支持，当医生聚精会神地完成一项外科手术，都有可能进入这样的“神驰”状态。

如何进入神驰的工作状态呢?

1. 寻找自己喜欢又擅长的领域。

2. 适度地给自己增加一些挑战或新鲜度。

3. 不断提升自己的胜任技能。

4. 寻求更多积极的反馈和情感支持，如上级、同事、朋友。

5. 给自己配置完成工作所必须的资源。

6. 疏导和排解自己在工作中的负面情绪，给自己情绪充电。

7. 全力以赴地投入一个新的计划。

8. 发自内心地热爱生活。

芝加哥大学心理学家米哈利（Mikaly Sikszentmihalyi）在长达 20 年的研究中整理出一个工作情绪的模型（如图 9.3 所示），可以帮助我们更好地识别和调整在工作中的情绪状态。

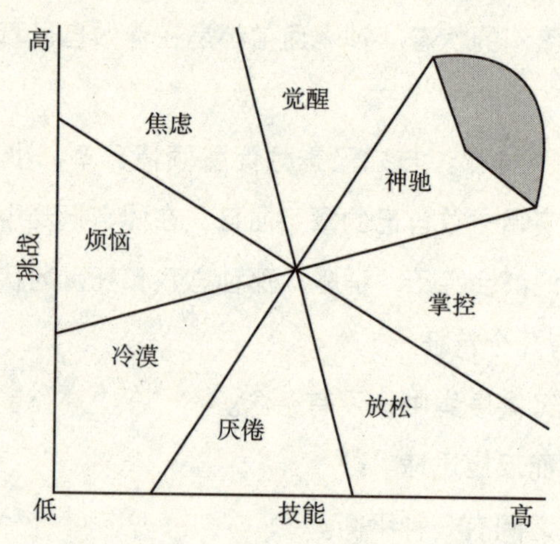

图 9.3　工作中的情绪状态

在上图中坐标轴中，纵轴代表的是人们在某一时刻所面临的工作挑战的难度，横轴代表的是在那一刻人们对此项工作的的技能熟练程度。根据挑战和技能的高低水平，我们可以把当下的情绪状态锁定在一个固定的点。不同的区域代表着不同的工作情绪体验。

（一）神驰（flow）

工作情绪的巅峰表现。意味着情绪控制达到极致，不受抑制和牵绊，而是积极的充满活力，忘我而高效，与当前任务协调一致。

（二）觉醒（arousal）

觉醒，意味着我们的工作面临巨大的挑战，我们开始发现自己缺乏的技能或知识，积极的人此时会点燃应对挑战的斗志，追求更高的技能目标和解决方案。

（三）掌控（control）

这种尽在把握的感觉，也是让你很舒服的工作状态。不是很激动，挑战也不是很强烈，在游刃有余的工作状态里，你很少感受到压力。

（四）放松（relaxation）

用“牛刀”去“杀鸡”，这种过于游刃有余的工作状态，让你舒服得甚至没有了激情。如果你对“自我实现”的要求不高，这种工作状态也许会令你非常受用，但长此以往，容易发生厌倦。

（五）厌倦（boredom）

“水平一般（或没什么进展），工作也没什么挑战”，这是最容易产生对工作厌倦情绪的时候。一方面，我们无法从技能上找到完成驾驭工作的成就感，另一方面，工作中也没有什么新的挑战和刺激。厌倦的情绪开始对工作绩效产生负作用。

（六）冷漠（apathy）

“冷漠”会给工作带来非常消极的后果。在工作中，找不到胜任的感觉，没做出什么实际的成果，工作也没有什么挑战，甚至像行尸走肉一样，“按部就班”地把工作做了，对于工作中存在的风险也没有任何的防范。

（七）烦恼（worry）

不能完全胜任工作，便会生出烦恼。如果在此时不加紧提升技能，则会向焦虑发展。

（八）焦虑（anxiety）

工作中的压力状况已经很明显了。无论是对自己的技能没有把握，还是对工作的难度估计过高，都会带来焦虑的情绪。当然焦虑也会引发更多的努力和准备。

四、恢复情绪动力，激活职场木乃伊

1961年，美国作家格林尼出版了小说《一个枯竭的案例》，描写了一名建筑师，因为不堪忍受工作对其精神上造成的痛苦和折磨，放弃工作逃亡非洲原始丛林的故事。从此，枯竭这个词进入大众词汇。职业倦怠就是这样的职业情感枯竭的表现。

有人把职业情感枯竭的人们，形象地称为“职场木乃伊”。

表9.1　罗杰斯（Rogers）提出的工作倦怠个体态度特征

态度	描述
宿命论	缺乏控制工作的感觉
厌倦	对工作缺乏兴趣
不满足	对工作不快乐的感觉
玩世不恭	低估工作内容和所得报酬的倾向
不充足	不能达到目标的感觉
失败	不相信自己的活动，总是无效的结果
过度工作	太多工作去做，时间总是不够用
粗暴	对同事、客户粗鲁不友好
不满意	自己的努力没有被恰当奖励的感觉
逃避	完全放弃甚至逃跑的感觉

（一）情绪动力不足的“拖延型木乃伊”

拖延型木乃伊典型症状：

1. 上班老迟到，上班盼下班，午饭吃啥常纠结，下班了又不想回家，总都有请假旷工的冲动，对周一深恶痛绝。

2. 醒着的时候想睡觉，该睡的时候又睡不着，睡着了也会做一些乱七八糟的梦，早上起来头晕脑胀。

3. 不自觉地游走于聊天工具、微博等网络工具，一有空便跟手机互动，但也仅是为了打发时间，一不留神几个小时就过去了。

4. 工作主动性差，工作缺乏创意和热情，没心思研究技能技巧，懒得主动协调解决问题。

5. 工作生活中有“拖延症”，需要反复催促才能推进，任务完不成很焦虑，但是不到最后时候就是不能行动。

“电脑一开一关，一天就过去了，嚎～”，这句话是对情绪动力不足的拖延型木乃伊非常典型的一个写照。此类型的职场人士可能由于工作中无法发挥自己的优势和长处，创造性和主动性大大丧失；亦可能由于内心理想状态和现实目标差距较大而失去积极性和动力。当然，还有人甚至根本不知道自己到底要在工作中获得什么，根本没有目标。凡此种种，导致的结果就是，他们的情绪经常处于消极的低迷状态，愉悦情绪无法唤醒，情绪动力严重不足。这种情绪状态又对饮食和行动造成影响，加重了身体的亚健康状况，身体的亚健康又阻碍了对情绪精力的供给。长此以往，恶性循环，整个人终日昏昏沉沉，缺乏行动力和幸福感。

这种情况下，如何唤醒情绪动力呢？

1. 选择感兴趣的事，倾听内心的呼唤

努力选择做自己喜欢的事，是一种勇气，也是一种智慧。停下来听听你内心的声音，看看自己到底想要什么样的人生。骏马回归草原，鱼儿找到大海，由心而生的动力才能源源不竭。

2. 发现价值，做出积极的解读

脚踏实地，在平凡的工作中发现不同寻常的价值，为工作赋予意义，是职场人士必修的功课。对身边的环境和困难作出积极的解读，可以让我们的生命变得更有质量。

3. 消除干扰，为生活做减法

关掉 QQ、关掉音乐、关掉手机、关掉电视……将一切会影响你工作效率的东西统统关掉，全心全力地去做事，做事的同时也是在练习如何从现代文明的繁杂社会回归到最真实的内心平静。人生动力的缺乏，往往不是因为我们拥有的太少，而是干扰我们的太多。

4. 走进人群，独乐乐不如众乐乐

离开虚拟世界，找些朋友，一起给生活找点乐子，一起搞个竞赛，一起开始一项健身计划，相互鼓励着找找恢复活力的感觉，回到人群中去，回到大自然中去，体会情绪相互的感染，唤醒压抑的动力。

5. 关心他人

如果我们能够被需要，能够在帮助他人中获得他人的情感反馈，就能为自己的情绪充电。真诚地关心他人，做一些慈善、义工，也会让我们增加幸福感。

6. 设定具体的小目标，完成后给自己点奖励

“我要减肥”这个计划总是很难实现，尝试把你的计划变成“每顿饭少吃最后两口”，那么这个计划就很可能被坚持下来。所以，你不妨把任务划分成一个个可以控制的小目标，在成功之后，给自己一些小甜头，这很有可能帮助你树立信心。然后，再一点点把目标放大，这份对自己的控制感不断增强的感受会让自己充满力量。

7. 把最后时限缩短，让自己行动起来

意大利知名的钟表品牌 Diamantini & Domeniconi 设计了一款“守时时钟”，它的精彩设计在于在分针指针的终端简单地弯曲了一下，弯曲后的位置指向比精准时间提前 3 分钟。这个小小的改变，为众多人士带来了很多意想不到的收获。早起 3 分钟带来的，不仅仅是不迟到的改变，把你工作计划的 Deadline（时限）也如此这般提前设置一下吧，看看你会收获什么。

（二）情绪消耗严重的“倦怠型木乃伊”

倦怠型木乃伊典型症状：

对工作丧失原有的热情活力，情绪烦躁、易怒，处于极度疲劳的状态，可能伴随身体障碍和职业疾病。

形成一些被动的职业习惯，比如僵硬的职业微笑，麻木地问好，机械地查找数据等。

对服务对象刻意地保持距离，甚至出现冷漠、对抗的情绪状态。如医护人员对病人的提问公式化回答，老师无故体罚学生，服务人员不再真正关心客户需求，处于心理学中所谓“去人格化”的状态。

对自己工作的意义和个人价值评价下降，常常想放弃从事很久的职业另谋出路。

不再制定长远的工作计划和个人成长计划，干到哪儿算哪儿，对晋升没兴趣，对团体活动不爱参加，对公司和行业没有信心。

对于凭借工作经验可以预见到的某些恶劣结果持事不关己的观望态度，即使在自己擅长的领域也不愿贡献价值。

倦怠型木乃伊需要个人、组织、家庭甚至社会共同努力来求得有效的解决。

1. 认清角色，发自内心地“干一行爱一行”

“扮演”只是情绪劳动最基本的原则，当你在不断“扮演”一个自己不喜爱的工作角色的时候，你的内心冲突是非常巨大的，这会加速你情绪消耗的过程，让你变得疲惫不堪，如同拖着一个受伤的身体不断从事体力劳动一样，这样做对自己的伤害也想而知。干一行爱一行，并非一个老套的过时教诲，也并不是阻碍你找到自己的理想事业的枷锁。干一行爱一行，是让我们脚踏实地地面对自己从事的工作，在一份对待自己的责任感之上投入工作，“深层扮演”可以让我们减少内心冲突，迅速提高工作技能，顺利应对工作困难，保持对待工作和事业的热情。这份热情，也是我们不断追求和成长的动力。

2. 休假或者旅游

暂时脱离造成倦怠的工作环境，是最快捷有效的缓解方法。对于身体病症已经比较明显的职场人士来说，尤其需要进行一段时间的治疗和调整。虽然这需要组织的理解和支持，但我们仍然需要从珍爱自己的角度，为自己做出改善健康的决定。

3. 转换你的工作节奏

对于不能长时间离开工作岗位的人，应该想办法打破造成倦怠的工作节奏。比如，呼叫中心的人员，工作时间长期接听电话，下班后应该适度止语，让不停说话的状态迅速改变。多运动，让身体从久坐的状态进入活跃状态。在工作中也可以通过调换工作岗位，调整上岗时间，喝个下午茶等，调整长时间承压的工作节奏。

4. 抽时间经营自己的社会支持系统

通过与亲人和朋友的交流互动，获得积极的情感支持，制造一些机会，增加工作以外的社交活动。在人生的不同阶段，寻求工作和生活的动态平衡。

5. 有效的向上管理

将自己在工作中遇到的难题与困惑讲出来，让上司了解和体谅你的工作状态。寻求专业上的突破以及职业发展机会。

6. 有氧运动与饮食

尽可能利用业余时间多进行一些有氧运动，利用一切可行的机会恢复身体状态。不是在健身房才可以锻炼，每天上下班的快走一段，坚持下来也有不同寻常的效果。在饮食上注重有针对性的摄入和调理，调“心”不忘调“身”。

7. 在工作中寻找一些新鲜课题

如果你已经做了 15 年的空乘工作，这份职业已经让你熟悉得不能再熟悉了，你是否可以尝试，在工作中给自己布置一个关于头等舱的客人与个人消费品品牌的相关“课题”研究呢？这份研究结果不仅给你带来了工作的新鲜感，相信也会使你的工作和生活得到意想不到的收益。

（三）情绪紊乱的失调型木乃伊

失调型木乃伊典型症状：

无法搞清工作和生活中的情绪区别　一名销售人员，在工作中最大的快乐就是不断达成目标，而在生活中把交朋友的数量也列成目标任务计划，交朋友也寻找成就感体验；一名航空公司的机长，在工作中最重要的就是情绪稳定，而在家中他面对妻子孩子也无法调动出不同的情绪。这些都是无法将工作和生活情绪分开的表现，情绪变得僵化，缺乏适应性。

工作中的负面情绪开始影响你的生活　如果你的岗位是处理投诉，每天都面对暴怒的客户，你把压抑的委屈不满带回了家，一股脑地发泄给亲人孩子；如果你是一名护士，工作中对患者投入了太多的情感而情绪疲惫，回家后，你无法陪伴你的孩子游戏。类似现象说明我们没有及时处理工作中的情绪，影响了生活中的状态。

你根本无法控制你的情绪状态　情绪喜怒无常，心情好的时候，对待客户如“春风般的温暖”，心情差的时候，对待同事象“秋风扫落叶”般无情。你的情绪过于敏感而随性，象野马一样无法控制。

这些都是情绪失调的症状，原因则可能是由于我们先天对情绪的觉察和管理就不够，也有可能因为长期的压力造成了调节能力下降。失调型木乃伊是情绪可能失控的一种工作情绪状态。

有一些方法可以帮助你在失调的情绪状态中恢复。

1. 提升对情绪波动的觉察能力。

通过提升“情感觉察”的情商技能，学习情绪的相关知识，熟悉自己不同情绪状态下的不同身体生理反应，帮助我们提高对自己情绪波动的觉察能力。

2. 重新定义工作与生活的情绪界限

我们需要对工作中需要的情绪原则进行深入的内化，给自己制定一个即符合组织要求，又让自己能够接受的情绪劳动的标准，并将这个标准和生活中的情绪原则进行区分。比如：对待投诉的客户保持尊重，但如果他进行人身的攻击和侵害，我选择说不，必要的时候我可以选择离开岗位进行自我保护；我要对我的亲人说明我的工作性质，请他们对我的负面情绪予以体谅，但要求自己尽量不要在亲人面前发泄不良情绪。一旦出现，我会立即道歉。

3. 下班进行情绪抽离，不把工作情绪带回家

在下班的时候给自己举行一些小“仪式”，对工作说“再见”，让自己在工作中抽离出来。比如：呼叫中心的工作人员在接听完一天的电话后，收拾好工作台，静坐一分钟，对你的电话真诚地说：“谢谢啦，今天就到这儿了。”还可以配合以相应的肢体动作加以强化。这些小仪式，可以帮助你在工作情绪和生活情绪之间加以转换，作为分界点，帮助你进入另外一种情绪状态。

4. 及时疏导负面情绪

压抑的负面情绪，需要进行一些积极的宣泄和疏导，让负面的能量排解掉。

对于失调情绪的管理，除了以上“调”的方法，还要注意“养”。情绪虽然调回来了，但是如果你的情绪不够“强壮”，“免疫力”不够好，你的正向的情绪能量不足，依旧会面临遭遇压力再次失调的风险。

所以，真正寻找自己内心能量的成长，才是所有“职场木乃伊”最终解决情绪问题的终极出路。情商技能的提升，会给予我们源源不断的内心力量。

五、情商加油站

“情绪唤醒”是一种保持和激发情绪状态的能力。情绪唤醒的能力帮助我们自我激励，保持生活和工作的热情。情绪唤醒的能力还可以使我们保持积极的情绪状态，对注意力、记忆力、创造力、观察力等心理资源的运用产生积极的影响。情绪唤醒的能力还表现在能够控制自己的情绪状态，在重要的工作目标面前，能够全力以赴地集中精力、投入情绪。

有效的“情绪唤醒”能力在职场的表现

能够在进入工作之前，有效调动工作状态；

能够保持情绪饱满、积极、稳定，支持工作正常开展；

能够对情绪劳动的消耗进行有效的恢复。

“情绪唤醒”能力不足在职场的表现

职业倦怠，没有生气；

对工作内容、工作对象麻木，对工作提不起精神；

过于平和、沉默，非内心喜悦的平静状态。

六、情商测一测

职业倦怠量表 MBI-GS

请您根据自己的感受和体会，判断它们在您所在的单位或者您身上发生的频率，并在合适的数字上划√

项目		从不	极少一年几次或更少	偶尔一个月一次或者更少	经常一个月几次	频繁每星期一次	非常频繁一星期几次	每天
情绪衰竭		（该维度的得分 = 所有题目的得分相加 /5）						
1	工作让我感觉身心俱惫	0	1	2	3	4	5	6
2	下班的时候我感觉精疲力竭	0	1	2	3	4	5	6
3	早晨起床不得不去面对一天的工作时，我感觉非常累	0	1	2	3	4	5	6
4	整天工作对我来说确实压力很大	0	1	2	3	4	5	6
5	工作让我有快要崩溃的感觉	0	1	2	3	4	5	6

请您根据自己的感受和体会，判断它们在您所在的单位或者您身上发生的频率，并在合适的数字上划√

项目		从不	极少一年几次或更少	偶尔一个月一次或者更少	经常一个月几次	频繁每星期一次	非常频繁一星期几次	每天
工作态度		（该维度的得分 = 所有题目的得分相加 /4）						
1	自从开始干这份工作，我对工作越来越不感兴趣	0	1	2	3	4	5	6
2	我对工作不像以前那样热心了	0	1	2	3	4	5	6
3	我怀疑自己所做工作的意义	0	1	2	3	4	5	6
4	我对自己所做工作是否有贡献越来越不关心	0	1	2	3	4	5	6
5	工作让我有快要崩溃的感觉	0	1	2	3	4	5	6
成就感低落		（该维度的得分 = 反向计分后，所有题目的得分相加 /6）						
1	我能有效地解决工作中出现的问题（反向计分）	0	1	2	3	4	5	6
2	我觉得我在为公司作有用的贡献（反向计分）	0	1	2	3	4	5	6
3	在我看来，我擅长于自己的工作（反向计分）	0	1	2	3	4	5	6
4	当完成工作上的一些事情时，我感到非常高兴（反向计分）	0	1	2	3	4	5	6
5	我完成了很多有价值的工作（反向计分）	0	1	2	3	4	5	6
6	我自信自己能有效地完成各项工作（反向计分）	0	1	2	3	4	5	6

得分在50分以下，工作状态良好；得分在50–75分，存在一定程度的职业倦怠，需进行自我心理调节；得分在75–100分，建议休假，离开工作岗位一段时间进行调整；得分在100分以上，建议咨询心理医生或辞职，不工作，或换个工作也许对人生更积极。

第十课 灵活应变

在剧烈变化的环境中最终存活下来的，既不是那些最强壮的，也不是那些最聪明的，而是那些对变化作出快速反应的物种。

——达尔文

一、职场需要“司马他”

“司马他”是继杜拉拉之后的第二个职场标杆人物，他的身影广泛流传于网络博客、论坛、四格漫画、网络视频中。

“司马他”（也称“司马 Ta”），smart 的谐音，意为智慧、聪明，代表了在工作中注意技巧，让干活变得更有价值的一群人。这群人崇尚 work hard 不如 work smart，在职场中，除了要努力干活外，更要聪明地干活。各种职场“司马他”受到广大职场人士，特别是 80 后的热捧。

在天涯杂谈上，2 万多名网友针对职场生存“司马他”法则进行了热烈讨论，很多网友自己制作的各种“司马他”职场生存视频也引来上万次的点击。司马他四格漫画也在扎根写字楼的公司间流传，司马他在故事中屡出奇招拆解职场难题。网友创作的“蓝精灵版司马他之歌”也获得了颇高的点击率，“在那都市里面高楼里面有一群‘司马他’，他们聪明又努力，他们勤奋又上进，他们忙忙碌碌奔波在那职场生活里，他们睿智勇敢永不退避。”

在司马他崇尚的工作信条里，很多都体现了对当代职场环境的适应能力：

找工作要不抛弃不放弃；

做好补给和放松，扬长避短胜于取长补短；

你的工作究竟是酷还是恐怖，取决于你自己的看法；

低调做员工，高调做工作；

要懂得如何让 BOSS 满意；

大方一点，不会就学大方一点，再不就装大方一点；

记住，不可替代的是工作本身，而不是你；

韬光养晦的意思是，积蓄力量，等待时机；

让自己去适应环境，因为环境永远不会来适应你。

职场人士对“司马他”的追捧，表达了 80 后群体在经历了职场适应期以后，给职场带来的新鲜的、灵活的，用轻松智慧的心态应对职场变化的工作精神。

比较来说，不懂得改变的“汉堡”就没有“司马他”一族幸运了。

汉堡，外表非常光鲜，内容丰富，但是实质上却没什么营养价值。如同职场中的某些人群，具备足够行业经验和本科以上学历，持有至少一项职业资格证书或技能证书，看上去很“光鲜”，然而却停留在企业的某个岗位上，不变化，不进取，慢慢变得越来越没有“营养价值”。这样的人被形象地称为“汉堡”人才。

据有关调查统计，跳槽失败者中，有 58% 的人属于此类。他们很可能是：

技术人员。在知识型企业，特别是研发、设计类企业，对人才的知识储备要求不断提高。技术“汉堡”们，不能适应发展的变化，对行业没有了解的兴趣，不懂得提升学习，埋头做技术。很快，其技术能力便在日新月异的市场发展中，变得越来越没有“营养”。

助理人员。经理助理、项目助理、总裁秘书，这些岗位会被大量日常琐事所埋没，工作内容多为整理文件，制作表格，报销费用，组织福利等，苦劳多多却不见功劳。随着年华老去，自己却无一专长“压身”。柴米油盐中，被“汉堡”化了。

销售人员。很多销售人员，一心向“钱”奔波，平时只关心客户资源的挖掘，缺乏市场营销的知识和对行业、产品分析的眼光。不排除有很快进入“汉堡”队伍的可能。

客服岗位。客户服务工作，特别是热线中心的客户服务人员，每天面临大量的重复的沟通工作，消耗大量体力、情绪。如果自己没有时间及时充电提升，做好职业规划，即使跳槽也只能改行做行政，文秘、助理，难以跳出“汉堡”人才的队伍。

“汉堡人才”之所以难以达到自己理想的职业生涯目标，关键还在于缺乏对自己的规划，没有灵活地根据市场的发展和变化做出自己的调整。他们停留在自己熟悉的工作领域，或被日常事务锁定在自己的工作领域，原地踏步，自然慢慢消耗掉了自己的营养价值。

“灵活应变”的情商能力，是指对环境的适应能力，这种能力帮助我们根据信息和环境的变化及时调整自己的行动、做法，以适应环境的需要。职场中，拥有“灵活应变”能力的员工，更容易解决问题，提高效率，建立和谐关系，并给自己带来更大的生存空间和内心平衡。

二、解开信念的绳索

W. 罗杰斯（W .Rogers）曾说，给我们造成麻烦的不是那些我们不知道的事情，而是我们自以为知道的事情其实根本不是那样。

（一）有“原则”的人

在你的办公室里，是不是也有着这样一些有“原则”的人呢：他们追求完美，对自己对别人对工作的标准都特别高，嘴里经常说“必须”、“应该”、“一定”；凡事一定要讲个“理”字，相对于结果，更关注于“对错”，“咱必须把这事说清楚”，“一定要给一个说法”，对于做好的计划、公布的标准，一旦改变，会非常不适应；他们按“规矩”办事，没有回旋的余地；他们会比较夸张和偏激，对于符合他们的原则和判断的，就一切都好，对于不符合他们标准的，就无法适应，认为一无是处……

这样的同事或者上级，真是让人欢喜让人忧。“喜”的是，对于工作他们还是很认真的，忧的是，他们太“轴”，没有回旋的余地，很多时候耽误事情的进展，也制造关系紧张。

（二）情绪化的坚持

究竟是什么影响了他们的“灵活性”呢？是什么让他们这么“轴”呢？他们也很委屈，“我这是坚持’原则啊！”

研究僵化固执之人，我们不难发现他们的想法有这样几个特点：

第一、坚持的观点往往很绝对化，非黑即白。

第二、坚持的态度，往往比较刻板，以偏概全。

一旦认定了一个东西，他们很难改变看法。容易给别人贴标签。

第三、特别关注“对错”。

凡事一定要评出个“理”来，而并不关心事情是否得到了解决，大家的感受如何？

第四、容易把结果灾难化。

典型的想法是一件事情做错了，肯定全盘皆输了。领导批评了，肯定没有机会混下去了。

第五、容易悔不当初，翻旧账。

这些想法，在心理学上被称为“非理性的信念”。“轴”人们对于这些“非理性的”信条的坚持，是情绪化的。这些信条像绳索一样锁住了他们的灵活性和创造力，让他们不能适应环境，无法达到目标，还会让他们自己和身边的人都会受到不良情绪的影响。

（三）小练习：剪开信念的绳索

1. 做工作就为获得别人的认可吗？

并非所有的努力都为了取悦他人，而是为了实现自己的价值，所有的人都喜欢我们是不大可能的。

2. 业绩好（工作能力强）就应该晋升吗？

这是一种典型的单一价值观，成绩好就是好学生，工作能干就是好同志。这种想法其实是片面的，好学生不仅成绩好，还要尊敬师长，团结同学。获得晋升的，不仅工作能力要强，还要有良好的人际关系，具备管理能力。业绩好，不代表全部。

3. 做错了事，就应该严厉的谴责和惩罚吗？

世界上没有完美的人，也没有绝对的好坏对错，每个人都可能犯错，谴责和惩罚不是唯一的手段，也没必要把人一棍子打死。

4. 事没干好，就肯定待不下去吗？

因为我们不会把别人“一棍子打死”，所以别人也不会这么对待你。有了失误，最重要的是发现问题，不断提高完善自己。即使公司做出了惩罚的决定，也不意味着我们就一无是处。

5. 领导就应该比我强，老板就不能有错吗？

领导也是人，老板也是人，都会犯错，很正常。

6. 只有我最负责任吗？

负责任是应该做的，更重要的是自己是否问心无愧。

7. 这个问题不解决，公司肯定发展不了吗？

任何一个公司都有自己的问题，任何一家公司也都有自己发展成长的过程。做好本职工作，就是对公司最大的贡献。

8. 公司应该对我负责吗？

我能够对自己负责。我可以争取我的权益。

9. 做事情必须分对错，出问题必须有答案吗？

有些问题没有答案。即使得到了所谓的答案，也未必是有用的。很多事情没有绝对的对错，不是非黑即白，在 0 和 1 之间，还有 0.5。

10. 只要付出努力就能成功吗？

每个人对成功的定义不同。跑错方向的比赛永远无法到达终点。

11. 别人也必须和我一样对待工作吗？

我接纳大家的不同，我们各自有各自的生活和对待工作的态度。

12. 公司的制度就应该绝对公平吗?

绝对公平是不存在的。我尊重公司的制度，我可以选择留下或者离开。

13. 对别人好就有回报吗?

对别人好，不是为了回报，为了回报的“好”，不是真正的为人好。

三、原则和目标的博弈

中国有很多老话：上山弯腰，过河脱鞋，到什么山唱什么歌，东西是死的，人是活的，讲的都是做人办事要有灵活性。然而也用“墙头草、两边倒”，“见风使舵”来形容没有原则之人。“坚持原则”和“灵活应变”之间，该如何把握尺度呢（见图10.1）?

案例一：一位乘客的行李箱在机场运输过程中损坏了，无法使用。他来到航空公司行李处理柜台，提出索赔。你作为值班人员，为他解释了有关索赔的标准。按照标准，乘客可以拿到200元的赔偿。可是乘客不同意，坚持要更换一个新的行李箱。然而，你认定这位乘客的行李箱破损程度还没有达到更换新箱子的标准。乘客说，她出差在外地，不是在乎钱，是这一大箱子东西没法拿走。此时，你会怎么办?

案例二：公司10周年庆召开年会，各部门要提前申报除了员工以外邀请的嘉宾人数，以保证场地、用餐的安排。你负责统计客户人数。可是，各部门的申报的人数总是不断在增加，理由也各种各样。销售部说，年底太忙了，我们的客户时间都不好确认，我先报30个，多了我再告诉你。技术部说，主管部门的领导我都邀请过了，刚通知我有几个领导要带司机和秘书，我可能要再加几个。人力资源部说，我们要把优秀员工的家属也请到现场，评选结束了我就告诉你。年会的会场都已经订好了，眼看邀请的名单越来越长没完没了，你会怎么办?

案例三：行政部发现一个问题；由于公司的办公区不太通风，中午休息的时候很多员工在工位上用餐，下午办公区里会有各种各样的味道。为了维护办公环境，也鼓励大家多出去走走，决定禁止大家在工位上用餐，自己带饭的同事可以到茶水间去吃。一日周末，技术部加班突击产品开发进度，技术部的领导说，中午给大家叫外卖吧，吃点好的。外卖来了，大家不愿意放下手工的活，说边吃边干吧。你是今天来做支持的行政部员工，你该怎么办？

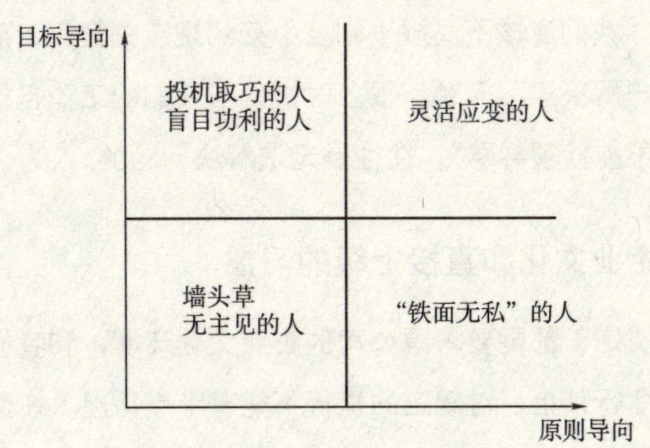

图 10.1　原则与目标选择

对策一：考虑后果，权衡利弊，确认好优先级。

第二个案例中，这个方法很适用。公司开年会是一件大事，需要我们把各种利弊拿出来分析。如果超员，预算出问题，而且场地可能需要重新预订，这是个大麻烦。那么，我们就需要在场地和预算允许的范围内，确定一个参加人员数量的上线和报名截止的日期，在这个范围内去调整名额的分配。这个原则定了，我们就可以把各部门需要邀请的人员排出优先级，再来确定名额的分配。所谓灵活也要有限度，这个限度在这个事件上就是预算和场地的要求。当然，如果我们的邀约名单里，有比这个预算和场地更重要的，那么场地也要让位。

对策二：考虑目标，关注情绪，而不是对错。

在案例三中我们会发现，员工加班的时候我们主要应该考虑工作士气，这是作为支持部门的主要目标。在这个情况下，如果我们权衡利弊的话，周末让大家破例一次，也并不会违背制度的本意，反而可以让员工体会到公司的制度非常人性化。

对策三：给出解决方案。

在第一个案例中，我们应该主要考虑的目标是帮助旅客解决实际困难。我们运用到同理心，就会发现即使赔偿了旅客一些钱，她一个人出差也很难把一个不能拉的箱子抱走。我们应该不局限于制度中死的规定去套用，而应该考虑是否还有政策能帮助客户解决实际问题。很多时候，当我们的工作目标局限于“不能犯错，不能违规，不能挨领导骂”，往往是无法解决问题的。

对策四：考虑企业文化和直接上级的习惯。

我们所有的决定，都需要考虑公司的企业文化环境，和我们直接上级的工作习惯。有的公司令行禁止，对规定的执行不能有半点马虎。在这样的环境下，灵活度就要适当放低。另外，对外部客户、对内部同事，这个灵活度也不一样，直接上级的工作习惯也需要我们重视。对于比较“严格”的上司，不是我们不灵活，是一定要多汇报。跟上司分析利弊，说出你的解决方案。如果他坚持，我们也要去执行。

对策五：坚持核心价值观和法律、行业规范。

无论是灵活还是执行，我们都需要坚持的一个底线就是法律法规和职业道德。特别是在一些特殊部门，比如财务部、审计部、安全质量管理部门，这些部门的灵活度较低。有时候，就是需要犯“轴”，才能做好工作。

对策六：坚持时，注意表达方式。

比如在机场处理行李问题，服务人员可以说，女士很抱歉损坏您的行李了，根据民航法规的规定，我们可以给您一些赔偿。当然了，这个赔偿可能和您这个原物的价值有些差距，也希望您理解。您看，您有什么需要我们帮忙的，也可以提出来。

大家不难看出，在我们给出的攻略中，本质上体现的是负责任和建设性，并非本位主义只考虑自己，目标是把工作往前推进。灵活性是否有效，也是要拿“结果”说话的。

清朝林纾曾说：守法度，有高出法度外之眼光；循法度，有超出法度外之道力。这大概是灵活性的一种高级境界吧

四、应对变化，跳出舒适区

当今的社会发展是一个充满冒险和不确定的环境，我们的职场也在不断发生着变化。

我们经常感叹“计划不如变化快”，这种不断适应新环境、动态环境、陌生环境，根据变化的环境调整个人感受、想法、行为的能力，就是我们“灵活应变”的体现。

有些变化更是突如其来的，如公司裁员，产品线被替换，公司高层更换了领导。这些变化打乱了我们的日常工作安排，甚至会影响我们的生活状态，也要求我们不仅要“灵活”应对，还要启动压力管理、冲动控制、乐观积极等情商技能。

“变”是当今职场的主题。“变”就意味着我们要放弃熟悉的东西。

作家阿兰·科恩曾说，放弃熟悉有安全感的东西，接受新的事物需要很大的勇气，但其实没有什么是真正安全的，真正安全的东西不再有意义。

大家都听说过温水煮青蛙的故事。这个温水，就是我们每个人的舒适区。

舒适区（comfort zone），指的是一个人所处的熟悉的环境，应用着的熟悉的习惯。人会在这种状态之中感到舒适并且没有危机感。然而，舒适区，只是一种内心安全的假象。当外界的变化累计越来越大并最终爆发的时候，在舒适区的人们，也会因为失去了警惕性和斗志而无法应对变化。

成功的人通常会不断走出自己的舒适区，建设一片新的适应“领地”，去达成自己的目标，增加自己人生的经验和阅历。而大多数人围绕自己生活的某一部分建立了一个舒适区之后，就会开始倾向于呆在舒适区内，而不是走出舒适

区。当变化来临不得不面对，舒服的地方呆不住了，往往会面对更大的“改变之痛苦”。

在职场中，有几个“舒适区”我们不应忽视，在这些舒适区，我们尤其需要求“变”：

（一）转正的舒适区

经过紧张的面试、试用期以后，职场人士熟悉了工作，也对办公室的人际关系熟悉了，一旦转正，终于获得了公司和领导的认可，一下子松了一口气。于是，上班的闹钟也调后了20分钟，不再坚持“绝对不能迟到了”；对领导的态度也放松了，说话办事没那么关注领导情绪了；工作中发邮件也不仔细检查了，“没事，不会出问题”，这种“搞定了”了心态让自己感觉到，终于安全了。可是这种前后不一致的态度，同事、领导却很容易觉察。保持言行一致，不断学习提高，特别重要。

（二）业务的舒适区

10年前，我在公司内部一线做培训工作。后来做了管理工作以后，上课的机会渐渐少了。直到现在做了独立讲师，不断去给企业做培训，算是重操旧业了。一日，我参加了一个年轻讲师的沙龙，听他们分享授课技巧，猛地发现，哎呀，现在的年轻人真是很多新花样啊，无论是教学道具还是PPT的设计，我真是都OUT了。而这些在我眼里的新法子，都是当下的年轻人所喜欢的呢。所以，千万别把自己当“专家”。以前是教会徒弟饿死师傅，现在是师傅不学习，自己被淘汰。

（三）分内工作的舒适区

有很多职场人士，找了一个稳定的公司或者相对稳定的岗位，觉得这个岗位分内的工作都已经非常熟悉了，工作内容也非常熟练，于是，不关注公司的发展了，不关心其他部门的工作了，不关注业务领域的提升了。孰不知一年下来推门出去，可能办公室熟悉的面孔都不多了。遭遇公司新业务推出、领导更替，自然是很难适应。

（四）人际交往舒适区

在公司里，我们都会有一些相对比较熟悉的同事。特别是一些女孩子，倾向于就和几个人交往，跟自己部门的同事熟悉就可以了，这种工作模式不利于自己在公司的成长和发展。公司就像一个小社会，你的人脉也决定了你的竞争力。而且一旦这几个“好朋友”离开，会让内心很难适应。

（五）生活保障舒适区

女性身上比较容易出现，一旦嫁人了，或者有了孩子了，觉得生活一切搞定了，便把生活的重心倾向于家庭。这种生活重心的调整是个人选择，本无可厚非，但是也不要忽视了关注职场的发展。我有个朋友，因为生宝宝暂时离开了工作岗位，由于2年的时间完全就是和保姆打交道，而当她想重返工作岗位的时候，却不知道从哪里入手了。

经营职场，有时候就像经营我们的婚姻，有蜜月，也有7年之痒，需要我们不断地经营，不断地关注，不断地自我成长，方能在职场立于不败之地。

五、情商加油站

灵活应变这种情商能力，是指适应不可预测的、陌生的动态环境的综合能力。灵活应变的能力帮助我们根据信息和环境的变化及时调整自己的行动和做法，以适应环境的需要。

灵活的人，可以改变旧的习惯和旧的看法。

灵活的人，享受更大的自由度，生活处于平衡状态，工作负担减轻，压力缓解，防备心理减弱，更健康更快乐

灵活应变和实际验证的能力是一对相互促进的情商技能。主观刻板的人，往往灵活性不高，缺乏实际验证能力。提高实际验证的能力，看到更多客观的现

实，人就多一份灵活性。灵活性是一个适应性的情商指标，它与自我认知、人际关系的情商指标都有关联。如果我们的自我价值、情感觉察、同理心、情感自立都发育不足，那么适应性的情商技能也会随之出现问题。

有效的“灵活应变”在职场中的表现

能根据环境的变化调整自己的工作状态，工作方法；

能够灵活地解决问题；

能够根据变化调整工作计划；

能够适应不同上级的领导风格，和不同风格的搭档愉快共事。

“灵活应变”使用不足在职场中的表现

难以开启新事物；

难以调整自己的行为；

难以改变看法；

难以改变习惯。

“灵活应变”在职场中使用过头的表现

太灵活了，以至于犹豫不决；

很难坚持原则。

六、情商测一测

自我和谐量表（SCCS）

下面是一些个人对自己看法的陈述，填答时，请您看清每句话的意思，然后选一个数字（“1”代表该句话完全不符合您的情况，“2”代表比较符合您的情况，“3”代表不确定，“4”代表比较符合您的情况，“5”代表完全符合您的情况）以代表该句话与您现在对自己的看法相符合的程度，每个人对自己的看法都有其独特性，因此答案是没有对错的，您 只要如实回答就行了。

	完全不符合			完全符合	
1. 我周围的人往往觉得我对自己的看法有些矛盾	1	2	3	4	5
2. 有时我会对自己在某些地方的表现不满意	1	2	3	4	5
3. 每当遇到困难，我总是首先分析造成困难的原因	1	2	3	4	5
4. 我很难恰当表达我对别人的情感反应	1	2	3	4	5
5. 我对很多事情都有自己的观点，但我并不要求别人也与我一样	1	2	3	4	5
6. 我一旦形成对事物的看法，就不会再改变	1	2	3	4	5
7. 我经常对自己的行为不满意	1	2	3	4	5
8. 尽管有时候做一些不愿意的事，但我基本上是按自己意愿办事的	1	2	3	4	5
9. 一件事好是好，不好是不好，没有什么可含糊的	1	2	3	4	5
10. 如果我在某件事上不顺利，我就往往会怀疑自己的能力	1	2	3	4	5
11. 我至少有几个知心朋友	1	2	3	4	5
12. 我觉得我所做的很多事情都是不该做的	1	2	3	4	5
13. 不论别人怎么说，我的观点决不改变	1	2	3	4	5
14. 别人常常会误解我对他们好意	1	2	3	4	5
15. 很多情况下我不得不对自己的能力表示怀疑	1	2	3	4	5
16. 我朋友中有些是与我截然不同的人，这并不影响我们的关系	1	2	3	4	5
17. 与朋友交往过多容易暴露自己的隐私	1	2	3	4	5
18. 我很了解自己对周围人的情感	1	2	3	4	5
19. 我觉得自己目前的处境与我的要求相距太远	1	2	3	4	5
20. 我很少去想自己所做的事情是否应该	1	2	3	4	5

续表

	完全不符合				完全符合
21. 我所遇到的很多问题都无法自己解决	1	2	3	4	5
22. 我很清楚自己是什么样的人	1	2	3	4	5
23. 我很能自如地表达自己所要表达的意思	1	2	3	4	5
24. 如果有足够的证据，我也可以改变自己的观点	1	2	3	4	5
25. 我很少考虑自己是一个什么样的人	1	2	3	4	5
26. 把心理话告诉别人不仅得不到帮助，还可能招致麻烦	1	2	3	4	5
27. 在遇到问题时，我总觉得别人都离我很远	1	2	3	4	5
28. 我觉得很难发挥出自己应有的水平	1	2	3	4	5
29. 我很担心自己的所作所为会引起别人的误解	1	2	3	4	5
30. 如果我发现自己某些方面表现不佳，总希望尽快弥补	1	2	3	4	5
31. 每个人都在忙自己的事，很难与他们沟通	1	2	3	4	5
32. 我认为能力再强的人也可能遇上难题	1	2	3	4	5
33. 我经常感到自己是孤独无援的	1	2	3	4	5
34. 一旦遇到麻烦，无论怎么做都无济于事	1	2	3	4	5
35. 我总能清楚地了解自己的感受	1	2	3	4	5

计分方法与结果解释：

本量表经因素分析得到三个分量表："自我与经验的不和谐"，"自我的灵活性"及"自己的刻板性"。各分量表的得分为其所包含的项目分直接相加。三个分量表包含的项目分别为

自我与经验的不和谐	1、4、7、10、12、14、15、17、19、21、23、27、28、29、31、33，共16项
自我的灵活性	2、3、5、8、11、16、18、22、24、30、32、35，共12项
自我的刻板性	6、9、13、20、25、26、34，共7项

“自我与经验的不和谐”反映的是自我与经验之间的关系，包含对能力和情感的自我评价、自我一致性、无助感等，他所产生的症状更多地反映了对经验的不合理期望；

“自我的灵活性”与敌对和恐惧有关，可能预示了自我改变的刻板和僵化。

“自我的刻板性”与偏执有显著相关。

计算三个量表总分的方法是将“自我的灵活性”项目反向计分，再与其他两个分量表得分相加，得分越高自我和谐程度越低。在大学生中，可以以低于 74 分为低分组，75~102 分为中间组，103 分以上为高分组。

第十一课　实际验证

懂得什么事情是可能的，是通往幸福的入口。

——乔治·桑塔亚纳

一、考证，你需要吗

四级、六级、GRE、会计、律师、人力资源、心理咨询、驾驶、导游、电子速录、营养配餐、高级育婴、微软、北大青鸟、ICDF（国际注册执业规划师），从业资格和执业资格，行业协会的认证，国际组织认证，大牌企业认证，各类证书真可谓花样翻新，层出不穷。

人们对“证”的渴望，直接促使了“办证”这一地下产业的火爆。

考证一族认为，就业压力大，多证多出路。

你看，不少企业在招聘要求上都明确表明“持有相应职业资格认证证书者优先考虑”，在大家都有学历文凭的基础上，职业资格认证证书的重要性就凸显出来了。

然而，找工作，真的靠“证”吗?

是找工作必须有这个执业资格，还是想换工作？“骑驴找马”，先搞块敲门砖？是自己底气不足，要靠证给点力？还是需要套个光环，多要点薪水?

考证之前，你给自己规划过吗？想过为什么吗?

不仅报考需要费用，各种考前“强制”培训也花费大量资金。有些国外认证，更是价格高得离谱。

你计算过考证的投入产出吗?

从2011年4月开始，浙江工业大学成教之江分院在自己编写的《学生课余导航手册》中，为考证族们做了一次证书“瘦身”。工作组成员表示，现在的“证”也是鱼龙混杂，在他们收集的120多种市面常见的证书中，在深入了解市场认可度后，淘汰了100多个。

你掂量过证书的含金量吗?

什么样的企业看中证书?面试招聘中，是否真的非有证书不可?对于你心仪的那个企业，你投简历前了解过这个问题吗?

考证之前需“考证”。这个“考证”的能力，在情商中，被称之为“实际验证”的技能。“实际验证”帮助我们避免主观的判断，通过可靠的方法对我们的感受和认知做出检验，避免做出对现实过于肯定或者过于否定的判断。它让我们能够尽可能客观地看待事物，按照本来面目而非我们所期待或担心的，对情境做出评价。

二、不断验证，接近真相

古印度，一群盲人在摸象。摸到大腿的说，大象原来像根柱子啊。摸到耳朵的说，不对不对，大象像蒲扇。摸到鼻子的说，胡说，大象明明像根绳子。摸到大象身体的人，摸来摸去，心里不停的嘀咕，大象明明像堵墙。

我们永远不能“直接的”、“完整的”把握现实，只能通过自己的认知获得有限的真相。我们的经验、判断、感受帮助我们描绘出一张现实世界的地图，但是无论这张地图多么准确，永远构成不了“真相”的整个版图。

努力提高自己现实验证能力的目的，是让我们尽可能地不断增加自己现实世界的版图和细节，与更多的人保持一致，更准确地取得现实给予我们的成果，以达成目标。

在扩大人生版图，不断接近真相的路上，我们会遇到一些阻碍。

（一）思维定势

五金商店有一天来了一位残疾人，既聋又哑，想买几根钉子。他对售货员做了这样一个手势：左手两个指头立在柜台上，右手拳头做出敲击的样子。售货员见状，先给他拿来一把锤子。聋哑人摇摇头，指了指立着的那两根指头。于是售货员明白了，聋哑人想买的是钉子。

聋哑人买好钉子，刚走出商店，接着进来一位盲人。这位盲人想买一把剪刀，请问：盲人将会怎样做？”

很多人会顺口答道，伸出食指和中指，做出剪刀的形状。

可是，我们忘记了，盲人会说话。盲人想买剪刀，只需要开口说“我买剪刀”就行了，他干吗要做手势呀？”

“思维定势”是人通常都会有的一种思维习惯，可以帮助我们积累经验，节约思考的时间。当然，思维定势也会阻碍我们的创造能力和发现能力。

“101章光毛发再生剂”问世时，一位老中医说起，其实这配方古来有之，他也一直在给病人使用。可是医生不是商人，他想到的只是入药。商人却不同，商人琢磨的都是如何变成商品，满足别人的需要，然后获得收益。

（二）迷信标准

5岁的孙女问她的奶奶多大年纪。奶奶说自己很老很老了，老得记不得自己的年龄了。孙女说：“如果您记不得了，可以看看您的短裤上的标签。我的上面写的是5到6岁。

可爱的孩子已经开始学会使用标准、寻求工具来验证现实问题了。搜集数据，整理信息，使用工具，是我们实际验证的有效途径，但也不要盲目迷信标准和工具的效果，否则你就会闹出小女孩的笑话。

（三）有色眼镜

失斧疑邻是一个著名的寓言故事。老王上山砍柴，斧头丢了，他认为，一定是邻居家的小牛偷了自己的斧头。于是，他趴在墙头上看邻居家的小牛，越看越觉得可疑。你看小牛，走来走去的样子，心里放佛做了什么亏心事。小牛东摸摸西摸摸，一定是在藏什么东西。

老王第二天又去上山砍柴，一不小心被什么东西绊倒了。“哎呦，这不是我的斧子吗？”老王在山坡上捡回了自己的斧子，原来是自己不小心，丢在山坡上了。老王回到了家，心里十分愧疚，觉得错怪了小牛。他又趴在墙头上看小牛，发现小牛再正常不过了，小牛在家里，这里扫扫，那里动动，原来在整理院子。

失斧疑邻的故事告诉我们，如果我们带上“有色眼镜”去看待别人，看待事物，那么事物也会变成我们眼镜的颜色，而失去了本来的面目。

（四）习惯和模式

有这样一个著名的试验：把六只蜜蜂和同样多的苍蝇装进一个大玻璃瓶中，然后将瓶子平放，让瓶底朝着窗户光亮的地方。实验者想看一看，蜜蜂和苍蝇谁更聪明，能先找到瓶子的出口。

实验发现，蜜蜂不停地朝着亮光飞，想穿越瓶底，找到出路，它们不断碰壁，不断再来，一直到它们力竭倒毙或饿死，他们飞不出玻璃瓶，而苍蝇则会在两分钟之内，穿过另一端的瓶颈逃逸一空。

是蜜蜂不够聪明吗？是蜜蜂不够努力吗？都不是。

在蜜蜂的生命里，只有一个信念：出口就在光亮处，哪怕不断碰壁，也在所不惜。

（五）从众效应

心理学家们也做了一个有趣的实验。实验者准备了一张画有一条竖线的卡片，然后让大家比较这条线和另一张卡片上的 3 条线中的哪一条线等长，判断共进行了 18 次。事实上这些线条的长短差异很明显，正常人是很容易作出正确判断的。

然而，在两次正常判断之后，5 个假被试，也就是为了实验专门安排的“托”，故意异口同声地说出一个错误答案。于是许多真被试开始迷惑了，他们会坚定地相信自己的眼力呢，还是说出一个和其他人一样、但自己心里认为不正确的答案呢？

从实验得出的总体结果看，平均有33%的人判断是从众的，有76%的人至少做了一次从众的判断，而在正常的情况下，人们判断错的可能性还不到1%。当然，还有24%的人一直没有从众，他们按照自己的正确判断来回答。

三、勇敢地面对真相

防御机制也称防御措施，是指人们面对冲突而产生的一些常见的心理防御模式。是我们为了避免面对“真相”而产生内在焦虑或痛苦体验而进行的无意识的“自我欺骗”。

每个人都会有自己不愿意接受和面对的事，都会经历内在的冲突，为了让自己保持平衡，就会使用“防御机制”，让自己没那么“难受”。“防御机制”是每个人都有的、“自己骗自己”的法子。

只有拆穿了自己骗自己的“戏法”，我们才会获得实际验证、了解真相的能力。

（一）不允许自己想——压抑

压抑是最常见的一种防御机制，压抑是我们通过努力，把那些不能接受或具有威胁性、痛苦的经验及冲动排除在意识之外，不知不觉有目的地遗忘了。

表面上看起来我们已把事情忘记了，而事实上它仍然在我们的潜意识中，在某些时候突然“浮出水面”影响我们的行为，以致在日常生活中，我们可能做出一些自己也不明白的事情。

比如一个女孩子对自己的相貌特别没有信心，她会不自觉的尽量避免照镜子，很少打扮，照相的时候也尽量站在一边，时尚啊，美容之类的话题也很少出现在她的生活里。

又比如，在办公室里特别讨厌一个同事，平日里又不好发作，结果部门搞活动，你通知大家的时候，竟然把他忘记了。

当你脑子里出现“我真希望没这回事”，“我不要再想它了”这些语言的时候，很可能你就在不断压抑一些东西。

压抑是一个持续不断的过程，它会持续地消耗我们的内心能量。太过压抑的人，会让人感觉到，自己和自己较劲，沉闷，不轻松。这是不断对抗的结果。

（二）找个替罪羊——投射

我们把自己不能接受的性格、特征、态度、意念和欲望转移到别人身上，认为别人这种性格或态度不当。或者我们把自己的一些坏习惯甚至“罪恶”的念头认为是别人有的，指责别人以逃避该面对的责任，让自己内心得到缓解。

我有一个来访者，男士，强烈声称自己的妻子有外遇，疯狂地搜集各种证据不能自拔，希望证明妻子的问题。后来得知，其实是他自己有了外遇想离婚。为了避免内心的愧疚感的折磨，所以把自己的“行为”投射到妻子身上去了。直到他的“恋情”被曝光，给了妻子赔偿离婚以后，他对妻子是否有外遇的事，一点都不纠结了。而实际上，他的妻子也没有外遇。

在办公室里，经常有些人抱怨，别人不负责任，别人不积极沟通。有时候，这也是一种投射。你会发现，其实积极沟通的人，都主动找别人去沟通了，所以根本不存在这个问题。而抱怨的人，往往自己也没有做好。

在看电视剧的时候，为别人而流泪，往往是你类似经历的投射。

如果我们经常批评或者愤青，就要看看是不是自己找了“替罪羊”。

（三）找个理由——合理化

当想要的没有实现，或者所做的不符合规定、规范的时候，我们可能会搜集一些证据理由，给自己一个合理的解释以掩饰过失，避免焦虑自责和维护自尊。这就是合理化。

合理化有几种形式。一个是酸葡萄心理，当自己所追求的东西因自己能力不够而无法取得时，就加以贬抑和打击，称为酸葡萄。绩效评价的结果出来了，不理想，于是便说，这制度不合理，绩效好又能多挣几个钱呢。

与此正好相反的是甜柠檬心理。当个体所追求的目标受到阻碍而无法实现时，为了维护心理的平衡，保持自尊，当事人会强调自己既得的利益，淡化原来目标的结果，以减轻失望和痛苦。绩效评价结果出来了，不理想，于是便说，干那么好得付出多大代价啊。我虽然绩效不突出，但是我也没有那么辛苦。周末该休息就休息。

无论是酸葡萄还是甜柠檬，如果恰当使用，可以让自己在现实和目标之间维持一个平衡，让自己不至于有太大的内心冲突，也不失为是一种压力调节的方法。然而另外一种合理化却没有价值了，那就是推诿，也就是找借口。

“找借口”这种合理化的形式，在职场里非常要命，因为它非常容易被识别，并且不被提倡。对于一些能力不足、经验不足带来的失误，完全没有必要“合理化”，勇敢地承认、承担，才可能让自己提升，也会让自己获得更多的理解和支持。

（四）白日梦——幻想和理想化

我们经常会作“白日梦”。一方面，当无法处理现实生活中的困难，或是无法忍受一些情绪的困扰，让自己暂时离开现实，在幻想的世界中得到内心的平静和满足。另一方面，通过对某些人或某些事作出高评价，让结果和自己理想的状态趋近一致。

这两种形式都可以让自己好过一些，区别是，一个寄托于现实中根本没有的东西，另一个是把现实中的东西美化。

（五）表里不一——反向，补偿，转移

很多时候我们不能够按照自己内心的想法去行动，于是出现了很多表里不一致的释放形式。

反向：担心自己的欲望和动机不被接受时，以相反的行为一再地表现。内心里特别不喜欢这个工作，又怕被领导知道，所以表现得特别热情，天天早到。俗话说：没事献殷勤，非奸即盗。

补偿：当面对缺陷致使目的不能达成时，改以其他方式来弥补这些缺陷。父

母亲觉得平日陪孩子少，就十分溺爱。觉得自己学历不够，就特别强调动手能力很重要。

转移：转移一个对象，转移一个方法，达成自己的目的。客户在家里不顺利，把怒气在服务人员身上发泄。所谓“下雨天打孩子，闲着也是闲着”。

防御机制虽然有欺骗性，但是在很多时候能起到维护心理平衡的调剂作用。只是，如果我们过度使用，无法客观认知、评价现实环境，那无疑是有害的。

四、实际验证 获取职场真相

（一）换位思考：老板真的傻吗？

我们是否想过，怎么这么简单的问题，老板都想不到？

我们是不是会对上司的一些做法百思不得其解？

我们还会认为领导不懂业务，外行领导内行。

为什么我们和老板想的不一样呢？

因为，你的人生版图，和别人的版图，本来就不一样。

可以通过以下问题，尝试看看我们直接上司的认知地图：

公司的战略是什么？

我的直接上司的工作目标是什么？

我的直接上司的绩效取决于什么？

我的直接上司的上司对他的评价基于什么？

我的直接上司最关心的问题是什么？

他最希望我做好的是什么？

我的直接上司有哪些平行的关系，他们之间关系如何？

在我达成这个目标，采用此种方法以后，会对其他同事的目标和利益产生影响吗？领导会如何平衡？

如果我在他的位置上，我会怎么决定怎么处理？

把这些问题想通了，相信你自然会得到“老板”是不是真傻的结论。换位思考，是现实验证的基础方法。

（二）全盘视角：什么决定了我们的晋升？

前程无忧曾经在网站上做过一个专题调查：什么因素决定晋升。

参与调查的人群中，年龄大多集中在22—29岁，工作时间三至十年。大家得出的结论是：健康状况，工作经验，工作表现，性格因素。女性参与者大多还写了性别，相貌。

分析参与调查人的年龄、工作经历和网站的主要浏览对象，我们不难发现，这显然是一组职场人士自己得出的结论。然而，晋升，是我们自己说了算吗？晋升的因素真如我们自己认为的那般吗？

我们来听听资深的HR们怎么说。他们说，晋升最重要的，一是要有岗位的空缺，二是要能胜任这个岗位。

HR现实了很多，没有岗位空缺，你再表现也没用。“足以胜任这个岗位”，多像一句外交辞令，什么是胜任？工作表现好就足以胜任吗？有人缘就足以胜任吗？有学历就是胜任吗？如果我们继续追问HR，什么是胜任呢？HR会笑一笑说：“不同的岗位，不同的老板，要求是不一样的。”

那我们再听听老板的说法吧。老板们说法很简单：“有能力。”

各位高喊着：“我有能力，为什么晋升的不是我！”职场人士需要好好想一想了，你“用得上，靠得住，信得过”吗？

然而，你的晋升，“老板”关注吗？在职场中，真正可以直接影响到自己晋升的关键人物，就是自己的直接上司，直接上司的评价对我们尤其重要。面对提拔，HR经常会对你的上司说：“这只是我的建议，我会尊重你的用人意见。”老板经常会说：“你的人你自己决定吧。”

在这个世界上，没有所谓最正确的答案，最标准的做法，最专业的决定。在你的地图上，最近的距离，可能在更大的版图上，却不见得是捷径。现实验证的能力要求我们，站在更高的格局上去看待问题，寻找更大的认知的版图，而不是局限于自己的这个层面和范围。

（三）广泛搜集信息：我到底身价几何？

在职场中，薪酬是一个备受关注的话题，也是我们职业成功与否的一个量化指标，薪酬往往就意味着我们的身价。那么我们究竟身价几何呢？为什么有些人怀才不遇呢？在就业的薪酬期待和现实之间我们有将如何做选择呢？

1. 你可以在网络上搜集到薪酬报告

薪酬报告中说，近两年来，本科生 3000–5000 元，硕士 6000–8000 元，博士 10000 元以上。这个结果主要是针对一线城市（北京、上海、广州），一些热门行业和发展较成熟的公司，如国企、外资企业、上市公司等。在市场上，绝大多数的民营企业，并非可以到达这个标准。相同学历背景的毕业生，在应聘类似的岗位时，薪酬一般上下浮动不超过 10%。

2. 你可以广泛了解各种企业的薪资政策

薪酬不只是工资。起薪只是我们的基础“工资”形式，但薪酬还包括保险公积金，车补、房补、饭补、通信补助。福利如何，是否有其他商业保险，加班费如何计算，年底是否有双薪，都可以视为整体薪酬的范围，都是工作回报的一部分。另外，工作环境，食堂，是否解决户口等，都以各种形式在抵消着你的生活成本，也可以视为是变相的收入。

3. 你可以深入分析身边的真实案例

于是，你有了一个惊人的发现，薪酬不是能力决定的。这对很多人来说，是个备受打击的结论。难道不是凭能力获得待遇吗？但是游戏规则的确如此，薪酬不是能力决定的，而是岗位决定的。薪酬反应的，不是你在这个岗位上付出了多少劳动，而是你的劳动为公司带来了多少价值。同类岗位在不同利润率的行业，薪酬水平不太一样。诸如金融、地产、医疗、高科技行业一般薪酬较高。但在同行业同类岗位中，工资的浮动，一般不超过 20%。基于这个游戏规则，那么在你的能力范围内，选择适当的目标岗位才是最终体现你身价的决定性途径。

广泛搜集信息的能力，在当今时代是一项特别重要的技能。这种技能还需要结合使用“人际交往”、“问题解决”、“灵活性”等情商技能。

（四）有舍有得：如何选择工作?

选择一个企业，应聘一个职位，光靠是不是喜欢未免太感性了，人事心理学专家刘向明建议，可以从以下几个角度去验证一些核心的匹配原则，把是否喜欢、是否合适进行量化。

1. 组织的匹配

组织的匹配是指企业土壤是不是适合你。第一，企业文化你是否认同。第二，组织的人力资源配备战略你是否认同。

文化的认同相对好理解，这决定了你是否有发展，工作起来是不是开心。你可以从公司的布置，办公的环境，面试官的风格等现实感受来体会文化。如果你是一个非常个性、自由的人，那么如果一个公司要求穿正装面试，墙上贴着“服从是最重要的执行力”，显然这地方和你不大合适。如果你崇尚不断奋斗的人生力求卓越，那么和一个小资的“时尚杂志”也可能很不合拍。

组织的人力资源配备战略，是指企业在当下和未来5年用人的策略是什么。比如百度公司，他们的工程师基本都是一类重点高校的理工科毕业生，你如果不符合这个条件，不是说你不优秀，只是你不适合。又比如，高速发展中的公司，它的人力资源配备战略就是能者上，不看学历背景。也有一些公司，人员流动不大，业务客户高端，它的用人策略就可能是家庭背景好，最好有客户资源。组织匹配，仿佛就是找对象中的“门当户对”，你选的“门”，特别重要。

2. 职业的匹配

每个职业都像一个“圈子”，“圈子”里的人会有一些共同的特征。工程师们都是务实的，技术导向的，实操能力强，高智商。财务人员都是讲究实际，追求安全，喜欢规则，倾向保守不冒险的。销售都是目标导向，自我激励能力超强，追求结果的。你的个性和性格适合做什么呢?

3. 工作任务的匹配

你是否能够胜任所应聘的工作。这需要你在知识、技能上都有所匹配。

4. 团队的匹配

上司的管理风格你喜欢吗?团队成员在一起感觉舒服吗?你和你要加入的团

队“搭”吗?

你不妨按照专家的建议，仔细验证一下。

五、情商加油站

实际验证是一种客观清醒，活在当下的能力。这种能力决定着我们对周围世界发生事物客观的辨别程度，没有曲解和粉饰，没有逃避和压抑，帮助我们形成可靠的方法，对我们的感受和认知做出检验，避免做出对现实过于肯定或者过于否定的判断，让我们能够尽可能客观地看待事物，按照本来面目而非我们的期待和担心对情境做出评价。

具有实际验证能力的人，即不像把头埋在沙漠里的鸵鸟，也不会灾难化地夸大风险。他会冷静地看到问题所在，抓住机会。

实际验证能力和“情感自立”、“同理心”、“边界设定”等情商指标密切相关。一个情感依赖的人，无法分清自我和他人疆域的人，是无法正确验证世界的。

有效的“实际验证”能力在职场的表现:

能够保持客观，而非主观、任性的处理职场问题;

对于自己所扮演的角色和位置有清晰的判断;

能够冷静分析问题，看清局势。

“实际验证”能力不足在职场的表现

你不太理解自己的感受，特别是在心烦意乱的时候;

你常幻想，做白日梦;

你很难从其他人的视角看问题;

你很难得出客观的结论。

“实际验证”能力在职场使用过头的表现

太基于现实，缺乏创造力；

迷信数据和科学，质疑一切直觉和情感取向。

六、情商测一测

霍兰德职业倾向测验量表

本测验量表将帮助您发现和验证自己的职业兴趣和能力特长，从而更好地做出求职择业的决策。

第一部分　您所感兴趣的活动

下面列举了若干种活动，请就这些活动判断你的好恶。喜欢的，请在“是”栏里打√；不喜欢的在“否”栏里打 ×。请按顺序回答全部问题

R：实际型活动	是	否
1. 装配修理电器或玩具		
2. 修理自行车		
3. 用木头做东西		
4. 开汽车或摩托车		
5. 用机器做东西		
6. 参加木工技术学习班		
7. 参加制图描图学习班		
8. 驾驶卡车或拖拉机		

续表

9. 参加机械和电气学习班		
10. 装配修理机器		
统计“是”一栏得分计		
A：艺术型活动	**是**	**否**
1. 素描／制图或绘画		
2. 参加话剧／戏剧		
3. 设计家具／布置室内		
4. 练习乐器／参加乐队		
5. 欣赏音乐或戏剧		
6. 看小说／读剧本		
7. 从事摄影创作		
8. 写诗或吟诗		
9. 进艺术（美术／音乐）培训班		
10. 练习书法		
统计“是”一栏得分计		
I：调查型活动	**是**	**否**
1. 读科技图书和杂志		
2. 在实验室工作		
3. 改良水果品种，培育新的水果		
4. 调查了解土和金属等物质的成分		
5. 研究自己选择的特殊问题		
6. 解算术或玩数学游戏		
7. 物理课		

续表

8. 化学课		
9. 几何课		
10. 生物课		
统计“是”一栏得分计		
S：社会型活动	**是**	**否**
1. 学校或单位组织的正式活动		
2. 参加某个社会团体或俱乐部活动		
3. 帮助别人解决困难		
4. 照顾儿童		
5. 出席晚会、联欢会、茶话会		
6. 和大家一起出去郊游		
7. 想获得关于心理方面的知识		
8. 参加讲座会或辩论会		
9. 观看或参加体育比赛和运动会		
10. 结交新朋友		
统计“是”一栏得分计		
E：事业型活动	**是**	**否**
1. 说服鼓动他人		
2. 卖东西		
3. 谈论政治		
4. 制定计划、参加会议		
5. 以自己的意志影响别人的行为		
6. 在社会团体中担任职务		

续表

7. 检查与评价别人的工作		
8. 结交名流		
9. 指导有某种目标的团体		
10. 参与政治活动		
统计“是”一栏得分计		
C：常规型（传统型）活动	**是**	**否**
1. 整理好桌面和房间		
2. 抄写文件和信		
3. 为领导写报告或公务信函		
4. 检查个人收支情况		
5. 打字培训班		
6. 参加算盘、文秘等实务培训		
7. 参加商业会计培训班		
8. 参加情报处理培训班		
9. 整理信件、报告、记录等		
10. 写商业贸易信		
统计“是”一栏得分计		

第二部分　您所擅长获胜的活动

下面列举了若干种活动，其中你能做或大概能做的事，请在“是”栏里打√；反之，在“否”拦里打 ×。请回答全部问题。

R：实际型活动	是	否
1. 能使用电锯、电钻和锉刀等木工工具		
2. 知道万用表的使用方法		
3. 能够修理自行车或其他机械		
4. 能够使用电钻床、磨床或缝纫机		
5. 能给家具和木制品刷漆		
6. 能看建筑设计图		
7. 能够修理简单的电气用品		
8. 能修理家具		
9. 能修理收录机		
10. 能简单地修理水管		
统计“是”一拦得分计		

A：艺术型能力	是	否
1. 能演奏乐器		
2. 能参加二部或四部合唱		
3. 独唱或独奏		
4. 扮演剧中角色		
5. 能创作简单的乐曲		
6. 会跳舞		
7. 能绘画、素描或书法		
8. 能雕刻、剪纸或泥塑		
9. 能设计板报、服装或家具		
10. 写得一手好文章		

续表

统计“是”一栏得分计		
I：调研型能力	**是**	**否**
1. 懂得真空管或晶体管的作用		
2. 能够列举三种蛋白质多的食品		
3. 理解铀的裂变		
4. 能用计算尺、计算器、对数表		
5. 会使用显微镜		
6. 能找到三个星座		
7. 能独立进行调查研究		
8. 能解释简单的化学		
9. 理解人造卫星为什么不落地		
10. 经常参加学术的会议		
统计“是”一栏得分计		
S：社会型能力	**是**	**否**
1. 有向各种人说明解释的能力		
2. 常参加社会福利活动		
3. 能和大家一起友好相处地工作		
4. 善于与年长者相处		
5. 会邀请人、招待人		
6. 能简单易懂地教育儿童		
7. 能安排会议等活动顺序		
8. 善于体察人心和帮助他人		
9. 帮助护理病人和伤员		

续表

10. 安排社团组织的各种事务		
统计“是”一栏得分计		
E：事业型能力	**是**	**否**
1. 担任过学生干部并且干得不错		
2. 工作上能指导和监督他人		
3. 做事充满活力和热情		
4. 有效利用自身的做法调动他人		
5. 销售能力强		
6. 曾作为俱乐部或社团的负责人		
7. 向领导提出建议或反映意见		
8. 有开创事业的能力		
9. 知道怎样做能成为一个优秀的领导者		
10. 健谈善辩		
统计“是”一栏得分计		
C：常规型能力	**是**	**否**
1. 会熟练的打印中文		
2. 会用外文打字机或复印机		
3. 能快速记笔记和抄写文章		
4. 善于整理保管文件和资料		
5. 善于从事事务性的工作		
6. 会用算盘		
7. 能在短时间内分类和处理大量文件		
8. 能使用计算机		

续表

9. 能搜集数据		
10. 善于为自己或集体做财务预算表		
统计“是”一拦得分计		

第三部分　你所喜欢的职业

下面列举了多种职业，请逐一认真地看，如果是你有兴趣的工作，请在“是”拦里打√；如果你不大喜欢、不关心的工作，请在“否”栏里打 ×。请回答全部问题。

R：实际型活动	是	否
1. 飞机机械师		
2. 野生动物专家		
3. 汽车维修工		
4. 木匠		
5. 测量工程师		
6. 无线电报务员		
7. 园艺师		
8. 长途公共汽车司机		
10. 电工		
统计“是”一栏得分计		

S：社会型职业	是	否
1. 街道、工会或妇联干部		
2. 小学、中学教师		

续表

3. 精神病医生		
4. 婚姻介绍所工作人员		
5. 体育教练		
6. 福利机构负责人		
7. 心理咨询员		
8. 共青团干部		
9. 导游		
10. 国家机关工作人员		
统计“是”一栏得分计		
I：调研型职业	**是**	**否**
1. 气象学或天文学者		
2. 生物学者		
3. 医学实验室的技术人员		
4. 人类学者		
5. 动物学者		
6. 化学者		
7. 数学者		
8. 科学杂志的编辑或作家		
9. 地质学者		
10. 物理学者		
统计“是”一栏得分计		
E：事业型职业	**是**	**否**
1. 厂长		

续表

2. 电视片编制人		
3. 公司经理		
4. 销售员		
5. 不动产推销员		
6. 广告部长		
7. 体育活动主办者		
8. 销售部长		
9. 个体工商业者		
10. 企业管理咨询人员		
统计“是”一拦得分计		
A：艺术型职业	**是**	**否**
1. 乐队指挥		
2. 演奏家		
3. 作家		
4. 摄影家		
5. 记者		
6. 画家、书法家		
7. 歌唱家		
8. 作曲家		
9. 电影电视演员		
统计“是”一栏得分计		
C：常规型职业	**是**	**否**
1. 会计师		
2. 银行出纳员		

续表

3. 税收管理员		
4. 计算机操作员		
5. 簿记人员		
6. 成本核算员		
7. 文书档案管理员		
8. 打字员		
9. 法庭书记员		
10. 人口普查登记员		
统计“是”一栏得分计		

统计和确定您的职业倾向

请将全部测验分数按前面已统计好的 6 种职业倾向（R 型、I 型、A 型、S 型、E 型和 C 型）得分填入下表，并作纵向累加。

测试	R 型	I 型	A 型	S 型	E 型	C 型
第一部分						
第二部分						
第三部分						
总分						

现实型（R）：其基本的倾向是喜欢以物、机械、动物、工作等为对象，从事有规则的、明确的、有序的、系统的活动。因此，这类人偏好的是以机械和物为对象的技能性和技术性职业。为了胜任，他们需要具备与机械、电气技术等有关的能力。他们的性格往往是顺应、具体、朴实的，社交能力则比较缺乏。

研究型（I）：其基本的倾向是分析型的、智慧的、有探究心的和内省的，喜欢根据观察而对物理的、生物的、文化的现象进行抽象的、创造性的研究活动。因此，这类人偏好的是智力的、抽象的、分析的、独立的、带有研究性质的职业活动，诸如科学家、医生、工程师等。

艺术型（A）：其基本的倾向是具有想象、冲动、直觉、无秩序、情绪化、理想化、有创意、不重实际等特点，他们喜欢艺术性的职业环境，也具备语言、美术、音乐、演艺等方面的艺术能力，擅长以形态和语言来创作艺术作品，而对事务性的工作则难以胜任。文学创作、音乐、美术、演艺等职业特别适合于他们。

社会型（S）：其基本的倾向是合作、友善、助人、负责任、圆滑、善于社交言谈、善解人意等。他们喜欢社会交往，关心社会问题，具有教育能力和善意与人相处等人际关系方面的能力，适合这一类人的典型的职业有教师、公务员、咨询员、社会工作者等以与人接触为中心的社会服务型的工作。

企业型（E）：其基本的倾向是喜欢冒险、精力充沛、善于社交、自信心强。他们强烈关注目标的追求，喜欢从事为获得利益而操纵、驱动他人的活动。由于具备优秀的主导性和对人说服、接触的能力，这一类型的人特别适合从事领导工作或企业经营管理的职业。

常规型（C）：其基本的倾向是顺从、谨慎、保守、实际、稳重、有效率、善于自我控制。他们喜欢从事记录、整理档案资料、操作办公机械、处理数据资料等有系统、有条理的活动，具备文书、算术等能力，适合他们从事的典型职业包括事务员、会计师、银行职员等。

人们通常倾向选择与自我兴趣类型匹配的职业环境，如具有现实型兴趣的人希望在现实型的职业环境中工作，这样可以最好地发挥个人的潜能。但在具体职业选择中，个体并非一定要选择与自己兴趣完全对应的职业环境，这主要是因为个体本身通常是多种兴趣类型的综合体，出现单一类型显著突出的情况不多，因此评价个体的兴趣类型时也时常以其在六大类型中得分居前三位的类型组合而成，组合时根据每个类型得分高低依次排列字母，构成其兴趣组型，如EIS、AIS等。

第十二课 问题解决

我们不能用制造问题的方法去解决问题。

——爱因斯坦

一、“下跪”，解决不了问题

航班延误经常衍生出热门话题。广州白云机场5.6事件、海航下跪门、川航被推门、东航群殴门……航班延误的故事不算稀罕，但近年来似日渐密集。

很多航空公司的地面服务人员、空乘人员甚至患上了“延误恐惧症”，不愿多谈、不愿面对，“下跪大叔”更是成为悲催的典型代表。

“下跪男”是航空公司的一名服务人员，由于航班延误，导致37名乘客拒绝登机，执意要求赔偿。这名服务人员在鞠躬道歉均无效果的情况下，竟然情绪失控，下跪致歉。

不料旅客并不买账，一位女乘客一直尖利地高喊“没用”。这段情境被拍成视频传上网络，引起了强烈反响。下跪的男子和高喊“没用”的女子也被冠以“下跪男”和“没用女”的称号。

下跪为什么没有用?

航班延误，乘客内心充满了焦虑，这种情绪集中发泄，会让人变得更加苛刻和挑剔。

视频中，我们可以感觉到服务人员们的无奈，他们面无表情地站成一排，给客户致歉，传达的情绪是："我们还郁闷呢，延误又不是我的错，让我们来收拾烂摊子"。这种缺乏真诚的服务，怎能取得理解，缓解乘客的焦虑呢?

以下跪的方式缓解局面也着实不妥。这并非卑躬屈膝、忍辱负重，反倒更像是一种无声的抵触。这个举动除了催化愤怒之外，别无他用。

航班依旧延误，抗议仍在持续，天气依然恶劣，什么问题都没有解决，服务人员和乘客之间的情绪对抗反而越来越严重。

"下跪男"看来不明白，很多时候，我们需要解决的只是情绪。

让我们来看看大连人民是如何做足情绪功课的吧。

天气恶劣，航班延误。为了安抚旅客情绪，大连机场解决问题的核心原则就是："让旅客急不起来。"

三十多位"红马甲"服务人员，推着流动服务车，穿梭于旅客中间，答疑解惑，端茶送水，免费发放午餐。抬手不打笑脸人，您好歹给个面子吧。

转移旅客的注意力，机场还及时将航站楼内电视广告调整为影片和电视节目，同时放置了多份报纸杂志，供旅客观看阅读。给您找点事干，总能放松放松吧。

为了能让旅客及时得到疏散，机场还在机场售票处设立了一站式服务柜台，为旅客办理签转退手续。同时，调配了二十多辆大中型客车往返于火车站、港口及市内酒店，免费运送旅客。人多了嘴就杂，不着急的，就赶紧给您送走吧。

在货物服务保障方面，大连机场货运公司开通了3部24小时客货运查询电话，及时电话通知五十多家货运代理人和货主航班延误情况，做好了海鲜等易腐货物的运输工作，避免货主遭受损失。人群里就怕有人带头起急，咱们把容易起急的拦住了。

更绝的是，3天时间里，大连机场一共安排了42场健美操表演，邀请大学生"篮球宝贝"舞蹈团队到候机楼大厅以及隔离区内进行健美操表演。美女养眼，你还急吗？据机场工作人员介绍，这些"篮球宝贝"在表演的时候，很多旅客都会凑上前去观看，一些旅客还饶有兴趣跟着音乐节奏打拍子，"一时间，大家都忘了自己是焦急等待飞机起飞的旅客了"。

也许很多"大问题"没法一下子解决，但是只要在"情绪"上做足了功夫，问题总会迎刃而解。不了解“情绪的奥妙”，恐怕跪也跪不出和解。

二、高手掌控的是情绪

“问题解决”的能力通常是指综合调动各种资源和技能，不断尝试，寻求问题解决方案的能力。在情商中，我们更加强调，在解决问题的过程中，能够考虑到情绪的影响，了解自己和他人的情绪对于问题解决的促进或破坏作用。

（一）情绪影响结果

航班大面积延误，旅客长时间滞留，襁褓中的婴儿哭闹不止，天气没有任何好转的迹象。乘客们开始纷纷来到值机柜台，嚷嚷着要退票、要赔偿、要说法。此时，航空公司的服务人员面无表情地解释行业规范和法律法规的相关规定，希望乘客理解。乘客们会接受吗?

一个月的重大项目开发结束，工程师们十分疲惫。但是，产品的上线结果并不理想，办公室里沉闷无声，还有人趴在桌子上迷迷糊糊地打着盹。这个时候，产品经理希望和大家分析这次工作的经验和教训，看看是否能找到合适的解决方案。此时召开会议会有好效果吗?

一场气氛激烈的销售推广会，台上，一名产品讲师激昂地夸赞着产品的效能。台下，销售人员热情招呼着顾客。各种促销的海报、诱人的礼品充斥着顾客的眼球，音乐热闹地响个不停。此刻，什么样的人特别容易产生消费冲动?什么样的人在消费后会找上门来闹退货?

我们的情绪，无时无刻不在影响着我们处理问题的过程和效果，影响着我们的决策。如果我们不知道情绪在解决问题的过程中起到的作用，那么，我们将无法提升解决问题的智慧。

（二）情绪问题需要优先解决

一名客服人员刚刚处理了一个客户投诉，客户的态度十分恶劣，服务人员很委屈，放下电话抱怨了起来。经理说："你这样做是不对的，现在是上班时间，工作中谁不会受点委屈呢？"

你能体会到这位客服人员在听完这番话后的感受吗？让我们来推测一下，这个正确的批评，是否会对员工接下来的工作状态起到好的效果？她会感觉到更委屈、更愤怒吗？

在飞机上，一位女士的电脑突然系统崩溃了，重要的资料和文件不知道是否能够恢复，她非常着急，带着哭腔问旁边的一位男士："这数据还能恢复吗？"旁边的男士看了看说："基本没戏了。你可以到中关村去修修试试。现在不要动它了，关掉收起来吧。"那位女士收起电脑，低下头小声哭了起来。

这位男士冷静地提供了解决方案，可是，这位女士需要吗？很多时候，人们更需要获得情感上的支持，而非冷冰冰的解决方案。情绪，才是当下最需要处理的事。

（三）什么"情"况，做什么事

在不同的情绪状态下，人会呈现出怎样的思维和行动的状态呢？

情绪四象限理论，帮助我们找到了答案（见图 12.1）。

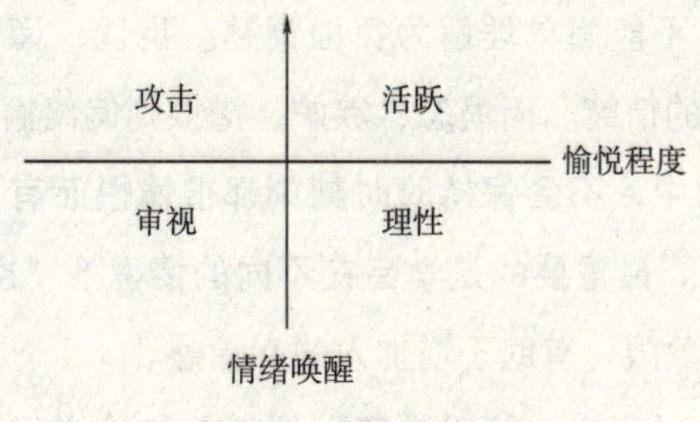

图 12.1　情绪四象限

当情绪唤醒程度高，愉悦程度高的时候，我们称作活跃象限。

当情绪唤醒程度高，愉悦程度低的时候，我们称作攻击象限。

当情绪唤醒程度低，愉悦程度高的时候，我们称作理性象限。

当情绪唤醒程度低，愉悦程度低的时候，我们称作审视象限。

活跃象限下：热情，激动，活跃，有创造力，有感染力，有行动力。

攻击象限下：压力下的进取，获胜愿望，攻击性，容易爆发负面情绪。

理性象限下：平静，取得一致，回顾反思，情绪比较稳定。

审视象限下：排查问题，挑错，担忧，不认同，行动力不足。

这项研究，在我们日常的经验中也可以得到印证。人在心情好的时候，能够更积极地与他人达成共识，思维也更加开阔。心情不好的时候，容易挑剔，想什么都觉得不对。

如果我们需要把设计人员集中在一起搞头脑风暴，取得新的创意，那么需要把大家先调整到活跃状态。进入活跃象限，才会才思泉涌。

如果我们希望销售团队感受适度的压力，让他们变得更有行动力和目标感，那么需要让他们适度进入攻击象限。当然，情绪的愉悦程度不能太差，否则他们将作出侵犯客户的攻击行为。

如果我们希望审计队伍能保持敏锐和廉洁，适度保持在审视象限，有利于保持他们的纠错能力。

如果我们希望高管团队能够理性做出未来一年的工作规划，那么找一个环境优雅的度假村，让大家安静、愉悦地交流一下，理性象限是比较理想的。

使用情绪象限要注意以下问题。

1. 情绪不愉悦，不能简单理解为负面情绪。担忧、谨慎、质疑，也是靠近纵轴的一些并不愉悦的情绪。而愤怒、嫉妒、憎恨则偏离愉悦更远一些。

2. 人在日常生活中，不会保持时时刻刻都很愉悦而有力量，我们都会经历情绪的不同象限位置。最重要的是学会在不同的情境下“换挡”的能力。当然，更多的时候处于理性象限，有助于增加人的幸福感。

3. 在情绪换挡的过程中，同时调整情绪能量和愉悦程度会比较困难，可以一项一项调整。如果我们想把一个暴怒的客户调整到理性，最好先降低他的能量，再进行愉悦程度的调整，会相对可行。

在适当的情绪状况下，做适当的事，会令我们事半功倍。

三、善用你的直觉

爱因斯坦曾说过：“上帝给了人类两个礼物：一是逻辑推理，二是直觉。”

这是一个信息爆炸的社会，我们每个人都在学习各种工具方法，建立各种数据和分析，让自己赶得上信息发展的速度。互联网的广泛应用，让信息在更大范围内共享，每个人都面临在海量信息情况下，做出快速、准确决策的挑战。

可以想象吗，如果我们依赖自己的冲动，不去收集信息而是转投于直觉，我们可以让事情进展得更快、更协调、更有效率吗？有没有可能在信息时代之后，到来的就是直觉时代呢？

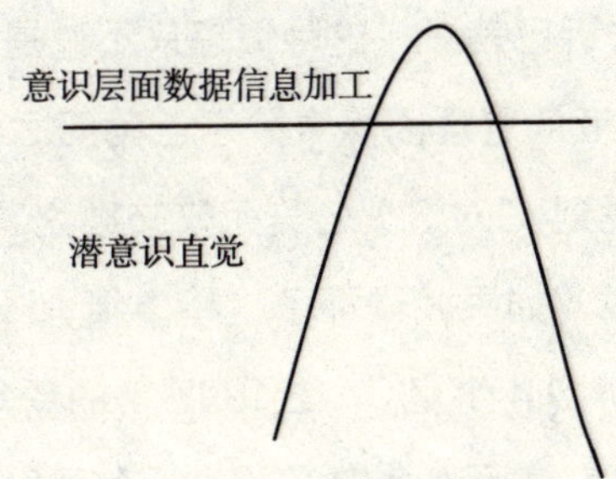

图 12.2　直觉是大脑智慧的主要部分

无论我们收集到多少信息，如果只是依赖逻辑，那我们只开发了认知能力的一小部分（有科学家说只占 10%），而在我们的直觉里，还深藏着巨大的宝藏。直觉是我们大脑智慧另外 90% 的能力。通过直觉我们能更广泛地感知，更准确地洞察，将我们更加真实地与当下连接。

有时，你为明天要见面的一个陌生人在内心涌起强烈的似曾相识感受，有事情要发生的感觉；

有时我们只是走近某人或来到某个环境，我们的内心就会荡漾起莫名的情绪；

我们也会在有时候，脑海中开始出现各种画面；

有时，我们会本能地倾向于某一个选择，深信不疑但是又没有经过认真的验证。

这些都是直觉。直觉是一种与生俱来的能力——每个人都具有，直觉是引导我们走向正确方向的更高层的智慧。

（一）直觉的现实价值

Hotmail 在创业初期，微软提出有兴趣以较低的价格收购 Hotmail。数据显示，巴蒂亚（Hotmai 创办者）已经赚了几千万美元，他拒绝被收购。他从一开始就觉得 Hotmail 可以卖个大价钱，这惹得微软的高级管理人员大为恼火。但是，一个星期后他们又重新走到一起开始谈判，而且在后来的两个月中，他们每隔一星期就会造访一次。巴蒂亚最后提出以 5 亿美元成交，对方气急败坏地说巴蒂亚疯了。但是直觉告诉巴蒂亚，这种愤怒只不过是一种战术。当微软提出以 3.5 亿美元成交时，巴蒂亚的管理团队中除了巴蒂亚之外，所有人都投票表示赞同和接受。巴蒂亚后来说到：“对 3.5 亿美元成交额说‘不’，是我做过的最惊人的事情。每个人都对我说，如果我弄坏了这件事情，Hotmail 就卖不出去了。但是我就是觉得，我可以卖到 4 个亿。”在 1997 年的新年之夜，这笔交易宣布达成，成交价格为相当于 4 亿美元的微软股票。8 个月后，当 Hotmail 的业务扩大了 3 倍后，这个数字看起来就是小意思了。

苹果的 iPhone 又是一个关于直觉的例子。大家都说乔布斯凭直觉设计了 iPhone，他把自己关在屋子里寻找直觉的灵感，这是数据无法给到的。

直觉可能和你的心理预期有潜在的关系：当结果验证了直觉的时候，直觉就被神话了；当直觉无果时，很快就会被人们忘记。虽然如此，直觉依然是人类智慧中一个闪光的部分。

中国改革开放以来，诸多成功的民营企业家，都从很小的生意起家，不懂太多的数据分析、市场研究、但是他们都能根据自己的人生经验，较好地把握经济发展的脉搏，通过超于常人的敏锐嗅觉，书写了一个又一个财富神话。

消防队员和其他营救人员都会花费很长的时间在真实的条件中训练，以刺激他们的直觉。他们在模拟情况下进行快速决策的练习可以磨炼出直觉，提高在真实世界中做出决策的速度。这些决策在真实世界中可能事关生死。

直觉是通向人们内在巨大潜意识资源的通道，能够让我们迅速地对问题答案作出判断、设想，或者在对疑难百思不得其解之中，突然对问题有“灵感”和“顿悟”，甚至对未来事物的结果有预感。荷兰阿姆斯特丹大学心理学家迪耶克斯特胡伊斯博士做了一项研究，结果发现，与传统想法相反，在面临选择的时候，深思熟虑并非总是好的。所以，简单的决定，可以交给思维；复杂的决定，最好交给下意识。

直觉不是女人、心理医生、灵异人士的专利，每个人，都应该打通通向自己内在宝藏的直觉通道，充分调动自己人生所有的内在资源。

（二）提升直觉的方法

1. 丰富的生活经验

直觉的产生不是无缘无故、毫无根基的，它是存储在人们潜意识里的知识和经验。先要给你的直觉存储足够的“材料”，关键时刻，直觉才能“厚积薄发”。

2. 熟悉你身体的感觉

直觉是看不见、摸不着，只能“跟着感觉走”的。直觉需要你对自己的身体很敏感，能够感受到自己体征、情绪很多微妙的变化。当直觉出现时，你才能准确地把握它。

3. 静静地观察

直觉突出的特点是其洞察力及穿透力，因此，直觉与人们的观察力及视角息息相关，观察力敏锐的人，其直觉出现的几率更高，直抵事物本质的效果更强。如果我们无法静下心来，静静地看看世界，洞察力很难发展出来。

4. 做做白日梦

想一想未来的样子，回忆下过去的生活，让自己的记忆和憧憬变得很放松和自由，学会在那些画面里寻找感受。

5. 听听经典的音乐

经典的音乐，可能是古典音乐，可能是一支温馨的曲子，可能是一首流传千百年的高山流水，带你穿越空间时间，和自然连接。

6. 和孩子在一起

和孩子在一起，体验那种天然的、纯粹的、没有被模式化和束缚的生命，在那种纯真里恢复直觉的力量。

7. 验证你的直觉

直觉的产生会受到客观环境的影响及个人情感的的干扰。当一个人处在猜忌[illegible]怨、愤怒等情绪中时，千万不要轻信自己的直觉。即使在平静状态下，依照直觉做出的决策，也需要回过头来验证，慢慢锻炼出自己的直觉力。

（三）避免直觉的决策陷阱

我们强调直觉的价值，并不是否定理性决策的重要意义。只有直觉将我们导引到一个正确的方向后，纯粹的逻辑才能做出最佳的发挥。直觉和理性也应该相互支持、相互验证。

美国芝加哥大学决策研究中心的专家，经过 30 多年的研究发现，人在决策时都会犯一些“直觉”错误。这些错误被称为“决策陷阱”。

1. 操之过急。还没想清楚问题的关键，就凭着最有感觉的、熟悉的部分得出了结论。

2. 盲目定调。根据自己的经验，在内心里设定了一个框架，忽略了真正的目标和更多可能性。

3. 抄近道。过于认定最方便的事实，最简单的操作，最快捷达成的方案。

4. 过于自信。对自己的观点，假设过于肯定，没有广泛搜集信息，与时俱进。

5. 鲁莽做事。迫于时间的压力，或者一时兴起，即兴拍脑袋。

6. 人多嘴杂。出于对他人的信任，认定他说的一定没有错。

7. 疏于跟踪。认为没问题，自动会产生结果。没有跟踪，分析，总结经验。

8. 掩耳盗铃。过分自我感觉良好，不愿意去看到或接受与自己的决策想违背的信息。

四、整合情商技能

解决问题是一个调动全部情商资源，发挥多种情商技能的过程。解决问题的全过程，即是检验综合情商能力的过程。以下解决问题的流程及调动的主要情商资源一览表，帮助我们发挥情商优势，有效解决问题。

表 12.1　解决问题与情商资源

解决问题的步骤	需要的情商技能
界定问题	情感觉察、情感自立、同理共情、冲动控制
列出方案	情绪唤醒、灵活性、乐群利他、自我价值
评估方案	实际验证、灵活性、乐群利他、乐观积极
做出最佳选择	边界设定、自我肯定、情感自立、乐群利他、灵活性、冲动控制
实施方案	自我实现、人际关系、自我价值、情感自立、灵活性、乐观积极、抗压能力
评估结果	乐观积极、实际验证、自我肯定

在问题界定阶段，最重要的是要能够想清楚问题的本质和关键在哪里？要达成的目标和效果是什么？尽量不受自己和他人情绪的干扰。避免一时冲动。

在列举解决方案的过程中，要使自己能够有积极的情绪状态，活跃的思路，广阔的视角，尽可能的发现可能性。

方案评估阶段，最重要的是实际验证的能力。同时应与时俱进，灵活考虑方案和环境的匹配度。兼顾自己和他人的利益。

最出的最佳选择，应尽可能是双赢的选择。这时候需要明确各方边界，权衡各方利益，顺人而不失己。

实施方案需要依靠团队合作，此时人际关系的各项能力非常重要。对于实施复杂的方案，还需根据环境变化不断调整策略，面对压力依旧保持积极的态度。

评估结果，需要客观现实，更需要乐观积极的寻找出经验和进步之处。每一次自我肯定，都是下一次成功的巨大动力。

五、情商加油站

“问题解决”是综合调动各种资源和技能，不断尝试，寻求问题解决方案的过程。

问题解决的能力，帮助我们界定问题，分析问题，寻求解决办法，同时，能够评估和处理情绪影响决策的能力。

问题解决包括，在处理问题时能够让自己的情绪稳定，从而保持认真负责，训练有素，有条不紊，条理清晰的态度。

问题解决不光是使用理性的过程，而是综合运用左右脑，平衡智力和情商的过程。

有效的“解决问题”能力在职场的表现

能够有效的处理各类工作问题；

能够使用直觉，并用理性加以验证；

能够理解“情绪”的作用并用于解决问题。

“问题解决”能力在职场使用不足时的表现

面对问题，无从下手，倾向于很随意的处理或者逃避；

无法让自己很清醒的面对问题，寻找解决方案；

看不到多种解决问题的方法；

解决问题和做决定对你都很困难。

“问题解决”能力在职场使用过头时的表现

你是解决问题的高手，甚至无法让别人参与你解决问题的过程；

你解决问题按部就班，有条不紊，缺乏创造性。

六、情商测一测

处理问题能力测评

1. 你书房的书被水管漏水浸坏了：

A. 你非常不快，不停地抱怨。

B. 你想借此不交物管费，并写了批评信。

C. 你自己擦洗、清理、烤晒图书，并请物业人员来帮助修理水管。

2. 在节假日里，你和爱人总会为去看望谁的父母发生争执：

A. 你认为最好的办法就是谁的父母都不去看望，以减少麻烦。

B. 决定在重要的节假日里，和你的家人团聚，而在其他节假日里与爱人的家人共度。

C. 订个计划，这次看望爱人的父母，下次看望你的父母，轮流看望。并顺便把对待类似问题的原则一并讨论出来。

3. 如果某个朋友要结婚了，你去参加婚礼，你当然得送红包，这时：

A. 事先对对方说你有事不能参加，事实上你并没有什么事情，你只是为了不送红包。

B. 对那些你认为重要的朋友，比如可以给你带来生意上的帮助的人，你才愿意参加其婚礼并送红包。

C. 你不送红包，但经常收集一些小的或比较奇特的礼物来应对朋友结婚这类事情。

4. 当你感觉身体不舒服时：

A. 你会拖延着不去就诊，认为慢慢会好的。

B. 自己诊断一下，去药房买药。

C. 把这种情况及时告诉家人，然后去医院检查。

5、生活中的各种压力使你和家人变得容易发怒时：

A. 你会想法向朋友倾诉。

B. 你设法避免和家人争吵。

C. 你和家人一起讨论，研究解决的办法。

6. 你的亲友在事故中受了重伤，你得知消息时：

A. 失声痛哭，不知该如何是好。

B. 叫来医生，要求服镇静剂来度过以后的几小时。

C. 抑制自己的感情，因为你还要告诉其他亲友。

7. 你的能力得到承认，并得到了承担一份重要工作的机会：

A. 你会放弃这个机会，因为这项工作的要求太高。

B. 你怀疑自己能否承担起这项工作。

C. 你仔细分析这项工作的要求，做好准备设法把它做好。

8. 一位好朋友将要结婚了，在你看来，他们的结合不会幸福：

A. 你会认真地规劝那位朋友，请他慎重考虑。

B. 努力说服你自己，让自己相信时间还允许朋友改变计划。

C. 你不着急，因为你相信一切都会好起来。

9. 当你和别人发生纠纷，不得不去法庭诉讼时：

A. 你会因为焦虑和不安而失眠。

B. 你不去想这件事，出庭时再设法应付。

C. 你研究相关诉讼的事宜，并不拒绝和解的可能。

10. 当你和邻居发生争执，却没有争出结果时：

A. 你借酒浇愁，想把这件不快的事忘掉。

B. 请教律师如何与邻居打官司。

C. 外出散步或消遣，以平息心中的愤怒。

1. 评分标准

选择A为1分，B为2分，C为3分，满分30分。

2. 结果评价

25-30 分：被测评人处理问题的能力很强，凡事都能够从实际出发，轻松地处理得很好。

15-24 分：被测评人解决问题能力一般，有时稍有迟疑，会影响工作效率。

11-14 分：被测评人解决问题的能力较差，面临问题时不够理智，不太能够独立担当重任。

第十三课　情感觉察

善观人者观己，善观己者观心。

——曾国藩

一、职场拒绝“情无能”

北京协和医院急诊科主治医师于莺成了微博上的“红人”，她的微博在开通后短短几个月就拥有了25万的粉丝。

“血小板减少的患者在当地用遍所有疗法均无效，来到我们急诊科。血液科来会诊，给地塞米松40mg静脉注射。药房觉得量大，不敢发药。我去担保，才领回药来。患者又开始犹豫，要求减半用量。我说：这是专科大夫的会诊意见，你或者用，或者不用，再去看其他的专家。这不是买蹄髈，一只4斤重，你只要两斤！”

“11点多科会诊，遗传性高脂血症的孕妇合并胰腺炎，胰腺假性囊肿形成。关于要不要保孩子的问题展开了激烈的讨论。我主张保！一来非重症胰腺炎，没到生死攸关时刻；二来不进食不疼，各项化验指标无恶化迹象；三来以后再怀孕也会面临同样问题。最后讨论的结果同我预想的一样，多科协作，继续保！母子加油啊！”

“夜班，太平无事。半夜一点，抢救室门开，一老头一路小跑进来，边跑边喊：我要死了，我要死了！然后一头栽倒在抢救床上，呼吸心跳停止，三分钟后抢救成功。心电图提示大面积心梗。总结：第一，要有自救意识。第二，要熟悉医院的地形。第三，简明扼要的有效沟通异常重要，尤其生死攸关时！”

在于莺的微博里，我们看到了对患者的鼓励，对困难的“幽默”。在这份对待生死貌似从容的背后，我们感受到了她对生活对工作浓浓的热爱，对患者的缕缕真情。于莺说，她也会有特别疲惫的时候，她会自己一个人，找一个安静的宾馆，住上一天，化解情绪，然后又活生生地回到工作中。对于同事，她是一个大大咧咧的开心果，对于患者，她是一个镇定乐观的白衣天使，对待女儿，她是一个开明温暖的玩伴。

于莺是一个特别有情，也特别会用情的人，这也是她的微博打动了众多粉丝的原因。

然而，2011 年 2 月，另一名医生的微博却掀起了轩然大波。

“测试人品的时刻到了，有个病人的血氧在往下跌，半夜极有可能得起床收尸，我未雨绸缪，殡仪馆的电话也问好了，但还是希望她能顶过今晚，这大冷天的，我暖个被窝也不容易，您就等我下班再死，好不？”

“昨晚家属无数次要求拔掉输液管让病人安心而去，我一再拒绝，硬是把她的生命延续到了今天。在我下班的时刻她开始吐血，估计也就这几个小时的事了，反正不关我的事了，我下班了……”

此微博引来了众多网友的疯狂传播，遭遇千夫共指，被媒体称之为“医生微博门”事件。一夜间，这名年轻的医生似乎成为当今“医德低下”的典型代表。随后，这名医生被主管部门调查，暂停行医资格并调换岗位。她也在微博上发出道歉信，向公众致歉。

说出这样的话，是因为工作实在太疲倦了，还是天天面对生死已经麻木了？她觉察到自己说出这些“冷血”之言的原因吗？她是否知道，自己这样无情的表达给他人来了怎样的影响？是什么原因让她在工作中无“情”，错“情”，变成了“情无能”？

人是情感的动物，我们对自我情绪的觉察能力，是我们对情绪管理和运用的起点。在情商中，我们把这种能力称为“情感觉察”。情感觉察，帮助我们“用情”，“动情”，恰如其分地表达感情，这是我们能够成为一个有血有肉的人的重要标志。

在职场中拥有情感觉察的能力，帮助我们对于工作内容和工作对象保持适度的情感，知道自己喜欢和擅长的工作领域是什么，让我们知道依照自己的情绪行事带来的后果，以及我们的情绪对他人带来的影响，保持与人相处的敏感性，能够区分自己的情绪和他人的情绪，有效解决特别是由情绪带来的冲突和误解。

二、情绪劳动，为工作动情

Hochschild在1983年的《情绪管理探索》一书中率先提出了“情绪劳动”的概念。30年来，心理学家、组织行为学家对组织场所中的情绪问题开展了大量的研究（参考图13.1）。

波音737有150个座位，漂亮的空姐从舱门口迎接旅客开始了自己的服务流程，以短途飞行为例，2小时内微笑问好150次，安全提醒起飞降落每人各一次，送餐询问餐食选择每人一次，送水两趟每人询问一次，与乘客告别一次。在这个过程中，除了体力的付出，还有面对面问候过程中始终要保持的“微笑”。

大型服务型呼叫中心，每天每人200线电话接入，处理各类客户问题，除了标准的问题分析、对话、播报解答话术以外，还要求把声音保持在热情、亲和的状态，在处理疑难问题时候付出耐心，即使有客户刁难甚至无礼也要保持情绪稳定。

幼儿园的老师，每两个老师面对20位小朋友，要表情投入而夸张地讲述各种故事，迅速处理“莫名其妙”的各种哭闹，控制负面情绪不至于传染蔓延，不厌其烦地给小家伙们讲解上厕所、喝水、擦手的操作流程，平息小朋友间为抢夺玩具而发生的冲突。

护士需要为病人付出关心和慈爱，饮食业服务员需要向顾客表示友好和热情；催款人员则要对欠债者展示坚强和愤怒；警察在犯人面前则需要表现出镇静和冷酷等等。

我们不仅在工作中付出体力和脑力的消耗，还有非常重要的情绪付出。在工作中始终被要求保持良好的情绪状态，这种情绪状态成为我们提供服务产品的一部分，被我们的客户、学生、工作对象消费着。这种情绪表现已经成为工作内容不可分割的组成部分。

积极的情绪劳动对员工个人和组织都有着非常重要的价值。首先，对员工而言，当我们发自内心地热爱所从事的工作时，个体自我表现的需求得到满足，个人就会保持良好的心理状态，焕发工作热情，提高自我效能感和心理幸福感；其次，对于组织来说，一个焕发工作干劲，拥有积极正面情绪状态的团队，无疑充满了行动力和创造力，人际关系融洽，工作氛围和谐，随之而来的是自然而然的高绩效和员工满意度。

研究者 Hochschild（1983）认为，需要高强度情绪劳动的工作类型共有以下几种：

1. 专业性、技术性及归于此类中的特定职业。包含了律师及法官、护士治疗师、牧师、宗教工作者、休闲娱乐业工作者、大学教师、电视播报员、内科医师及相关人员等等。

2. 经营管理者。

3. 销售人员和归于此类中的特定职业。包含银行出纳员、收帐员、柜台人员（除食品类之外）、图书馆员、邮局柜台人员、秘书、电信操作员、售票员等等。

4. 服务性工作人员。如侍者、健康服务人员、空乘、电梯操作员、美发师、娱乐与休闲保全、福利务工作者、警察、消防员等。

如果你的工作岗位在如上的清单中，学习如何带着适当的“情绪”去工作尤为重要。

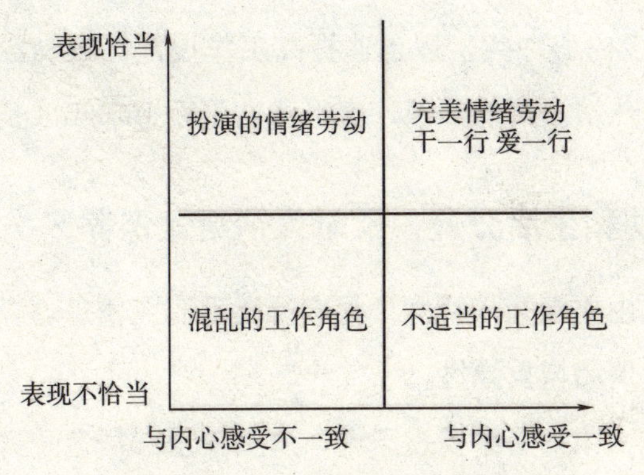

图 13.1　工作中的情绪劳动

（一）“扮演”好自己的角色，符合工作规则

在苹果门店基层员工的培训文件里，有这样一些不同寻常的细节。比如，员工不允许说“非常不幸”，而只能说类似“结果是这样”的话。在苹果店里，与顾客随意性的情感交流被规定禁止。员工依旧被要求表现得积极充满活力，不过其表现的方式以及程度还是由苹果店规来控制而不是员工自己。这显然比类似于“微笑待客”、“不能对客户说不知道”之类的规定更加的细致。

随着商业竞争的加剧，越来越多的情绪劳动的规则将被企业加入到其管理规范中。作为员工来讲，我们也必须认识到，情绪的劳动是我们工作不可分割的一部分，也是我们走向职业化最基本的要求之一。对于工作来说，最基本的职业化的态度，就是扮演好自己的工作角色，按照组织或行业的要求而非自己的理解对待客户、对待领导、对待同事。

（二）发自内心热爱工作，干一行爱一行

当然，“扮演”只是情绪劳动最基本的原则，当你在不断“扮演”一个自己不喜爱工作的时候，你的内心冲突是非常巨大的，这会加速情绪消耗的过程，让你变得疲惫不堪，就如带着一个受伤的身体不断从事体力劳动一样，对自己的伤害也可想而知。所以，干一行爱一行，并非一个老套过时的教诲，也并不是阻碍你找到自己理想事业的枷锁。干一行爱一行，是让我们脚踏实地的面对自己从事的工作，在一份对待自己的责任感之上，保持对工作的一种投入、一种“深层扮演”，这让我们减少内心冲突，以迅速提高工作技能，顺利应对工作困难，保持对待工作和事业的热情。这份热情，也是我们不断追求和成长的动力。

（三）将情绪劳动和生活分开，及时为情绪做保养

很多工作岗位由于情绪消耗大，很容易出现职业倦怠，需要我们在生活中不断为情绪充电，使情绪恢复弹性。

也有一些岗位，比如警察要求严肃，演员要求和角色一致。这些岗位对情绪的要求，和生活中实际需要经历的情绪反差较大，需要我们能够调节，把工作中

的情绪和生活中的情绪适当隔离。

还有一些岗位，会经历很多负面的情绪体验，如投诉的处理、心理咨询，这些负面的情绪体验如果带入生活中来，会给我们的生活带来消极的影响，需要我们及时地化解和疏导这些情绪。

更多地了解情绪运作的原理，更好地觉察和管理自己的情绪，是我们一项必要的工作技能，应该象如何操作机床，如何制作电子文档一样，走进我们的职业化培训课堂，帮助我们更从容地应对职场。

三、解剖你的情绪

（一）E（energy）——情绪是一种能量

Emotion（情绪）的词源来自拉丁语 motere，意为移动、行动，加上前缀 e，含有移动起来的意思，意为每一种情绪都隐含着某种行动的驱动力。

情绪是对生存环境的本能反应，是天赋的生命能量，对一个人的行为具有动力或阻力的作用。例如，当人处于危险的境地，恐惧的情绪反应能使人体加速血液循环，释放能量，促使人在行为上更快地脱离险境；当人在工作或学习中承担的负荷超出了自身的承受能力时，疲惫的情绪状态会使人不得不放弃一些工作而获得休息；同样，积极情绪诸如兴奋、喜爱、愉悦，也给我们的学习和生活带来了无尽的动力。对情绪的理解能力让我们能够知道自己潜在的想法，让我们把设想和价值联系起来，洞悉驱动力。

（二）M（memory）——情绪的记忆功能

我们所有重要而深刻的记忆都是以“情绪 + 情境”的形式，“打包”储存在我们大脑中的。在我们的大脑里有一个叫杏仁核的器官，存储着大量情绪体验，这是我们人类的“情感数据库”。而这些“情感体验”又和相应的“情境”一一相关联。在数据库里存储的所有情绪的记忆和体验，帮助我们有效地远离可能会对我们造成伤害的“情境”，帮助我们本能地趋向令我们顺心的“物以类聚”、

“人以群分”的工作和生活“情境”。同样，愉悦的情绪体验也可以帮助我们更深刻地记忆和不断选择令我们开心的事和人。

（三）O（offspring）——情绪对后代的影响

人云，三岁看小，七岁看老。国外情商的研究也发现，孩子七岁之前，是情商发育的关键时期。父母亲和孩子的情绪互动模式，深刻影响着孩子的情感发育。父母亲早期给孩子播下的情绪体验的种子，将成为孩子一生情绪的基调。积极的情绪体验犹如幸福的种子，在我们的头脑里生根发芽，让我们在生活的各种情境中，都能生发出幸福体验的果实。同时，对于一些负面和重要的创伤事件所产生的情绪，如果没有经过处理，也会产生情绪的创伤。反复体验这种创伤而形成的受害者情结，会让人一直沉溺于负面的情绪不能自拔。

情绪的模式代代相传。

（四）T（think）——情绪影响思考、思维的过程

斯若夫（Sroufe，1979）提出情绪作为脑内的检测系统，对其他心理活动具有引导协调的作用。表现为：积极情绪使行为开放，容易看到事物美好一面，愿意接纳事物；消极情绪使个体感到悲观、失望，接纳程度下降，攻击性增强。抑郁症患者，就是典型的消极情绪占主导，因而对待生活悲观失望，缺乏行动力。人在消极情绪状态下，非常不适合做出重要的决定，因为此时你的判断和决定都会非常消极，可能使我们失去机会，甚至误入歧途。

（五）I（interaction）——情绪影响互动及人际关系

情绪是我们与自己互动的最重要的方式，也是我们在学习、工作和生活中与他人相互交流，彼此影响的一种重要的因素。

什么是我最喜欢的工作？我做哪些事的时候得心应手？与他人沟通的过程中一个动作、一个表情、一声叹气，都包含着众多的信息。如果我们不了解自己的情绪，很可能言不由衷、口不对心，也可能“人云亦云”、“见风使舵”，无法准确表达自己的期待，亦有可能表现得压抑、冷漠、回避。

同时，一个人、一个团队所展示出来的情绪还具有影响他人情绪功能。当我们遇到一个温暖的笑容，心情也会随之愉悦；当我们走进欢乐的人群，也会变得兴奋、振作起来；一个领导者的魅力和感染力，也主要是靠情绪的力量。

哈佛大学的心理学博士戈尔曼认为："理解自己的情绪意味着深刻理解自己的情感、自身的优势、缺点、价值、动力，具备自我觉察能力的管理者，同样能够理解他人的价值、目标和梦想。"

（六）O（organ）——情绪影响身体健康

中医中早有七情致病之说，"怒伤肝"，"喜伤心"，"思伤脾"，"忧伤肺"，"恐伤肾"，讲的就是情绪对内脏器官及身体的影响。美国国家精神健康学院坎迪斯·伯特（Candace Pert）教授研究表明，情绪与神经肽紧密相关。神经肽在体内调节多种多样的生理功能，如痛觉、睡眠、情绪、学习与记忆乃至神经系统本身的分化和发育。神经肽遍及身体各个器官，像信使一样，把身体某部分发出的信息，传递给整个系统。情绪控制着这些信使，给身体带来不可思议的影响。

（七）N（need）——情绪反应最真实的需要

在人类形成理性的大脑之前，情绪就已经存在，并保护着我们物种的延续。每一种情绪的背后都表达了我们一种最真实的需要。

快乐，意味着达到目标或者获得满足；

愤怒，无法达成目标，不能得到，不能如己所愿；

恐惧，面对失去控制的一种情绪表达；

悲伤，失去心爱之物，离开难忘之情景。

情绪比思维更真实，不会撒谎和自欺欺人。因为所有的情绪都有其生理基础，在不同的情绪状态下，人的心律、血压、呼吸乃至人的内分泌、消化系统等，都会发生相应的变化。例如，人在焦虑状态下，会感到呼吸急促、心跳加快；而在愤怒状态下，则会出现面红耳赤等生理特征。测谎仪的原理，就是利用捕捉人在撒谎时所带来的羞愧、焦虑等情绪变化所产生的生理信号，来推测人的行为。

每一种情绪的背后，都有一份深切的渴望，渴望拥有，渴望安全，渴望爱。

如果我们失去了对情绪的觉察和区分，我们便失去了对自己真实渴望的了解。

表 13.1　六大情感家族的情感体验一览

快乐	沮丧	意外	焦虑	生气	创造力
满意	悲伤	震惊	害怕	暴怒	想象力
狂喜	自暴自弃	目瞪口呆	担心	讽刺	足智多谋
欣喜	忧郁	大吃一惊	担忧	恼怒	艺术天赋
兴高采烈	伤心	惊讶	紧张	狂怒	灵感
喜悦	阴郁	惊奇	心神不安	激怒	创新
幸福	痛苦	惊呆	烦躁不安	盛怒	独创性
欢欣鼓舞	心碎	哑然失色	焦躁	怒气冲冲	好奇心
高兴	苦恼	愕然	恐惧	愤慨	幽默
快活	痛心	惊诧	惊慌失措	愤怒	开创性

四、调动你的情感

情绪如此重要，我们却对它知之甚少。

据研究，一个孩子对情绪的识别能力，是成年人的 200 倍。然而，这种情绪发展成长的过程，却并不为大多数人所了解。我们习惯用道德，用规则，用道理，代替了情绪和情感对我们的导引。于是我们认为成熟了标志，就是不再“情绪化”了，成功源自“理性”，不能“感情用事”。特别是在中国，我们内敛而含蓄，不注重情感的表达，久而久之造成不敏感于自己情绪的感受。我们的家庭教育、学校教育里，也都没有传授过有关情绪的知识和情绪管理的技能。情绪管理在很长的时间里，一直和刻板的情绪控制和压抑划了等号。情绪和情感还没来得及被我们充分体验和学习，就被束之高阁了。

如何恢复情绪的动力，让我们的生命生动起来呢?

（一）敢于“用情”，找回真实的自己

在中国，绝大多数“情绪僵化”的人，是受我们的观念和抚养方式影响的。在成长的过程中，我们在家庭里不善于沟通情绪，倾向于隐匿情感。所以，我们首先要为情绪正名，树立正确对待情绪的观念。

1. 情绪是正常的需要，男女皆有之

情绪就跟吃喝拉撒一样是需要经验和表达的。表达喜欢和欣赏是非常重要的事，表达挫折的情感不是什么“懦弱”的事，表达“愤怒”、“不满”也是我们的权力。唯有这样，我们才生活在一个人性化的、有“人权”的社会里。人权不仅是吃饭生存的权力，还包括我们真实的情感主权。

情绪也非女人专属，男人也一样。男儿有泪不轻弹，讲的是一种处事方式，而非对情感的压抑。

2. 情绪没有对错

很多时候，我们说发脾气是不对的，有负面情绪是不对的。情绪没有对错，只是我们选择处理情绪的方式，是需要学习和提升的。无论正面的还是负面的情绪，都是自然发生的，没有好坏对错。

（二）适度“动情”，倾听情绪的声音

心理学家约翰·梅耶把自我意识概括为：“同时意识到自身的情绪以及自身对该情绪的想法”。这种觉察是一种对内心状态不做反应、不做判断的关注。不断提升对自身情绪的觉察，找到内心的情绪的声音，是情感觉察能力的关键。

练习 1：扫描身体发来的信号，提升对情绪觉察

我现在怎么了？我的身体告诉我什么？

心跳加速？口干？呼吸急促？手心出汗？握拳了？心口堵？

我是什么感觉？

被攻击？担心？生气？受到挑战？害怕？

我的思维在专注于什么？

我该如何辩解？我在评价他？我在考虑后果？

练习2：听听情绪的声音

找个安静放松的地方坐下来，调整呼吸，然后在心里默念这些语言，看看会有什么样的情绪感受，脑海中又会浮现出什么样的情境画面。这些感受，你都似曾相识吗?

受害者的声音：这不是我的错，我没有办法，为什么受伤的总是我。

失败者的声音：尝试是没有用的，我不可以，我不行，我试过了，根本不可能。

自我怀疑的声音：这样可以吗，这样根本不行，不会成功的。

不公正的声音：凭什么这样对我，这个世界就是不公平，没人守规矩。

灾难化的声音：太可怕了，一定会出事，这样就完了，这样可千万不行。

匮乏的声音：缺，缺，没了，不够，怎么也不够（钱，时间，健康）。

躲藏的声音：最好什么也别做，别动，最好别看见我，我不要参与。

取悦的生音：他会不会不开心啊，快看看我吧，他会喜欢吗。

批评的声音：这是不对的，怎么能这样呢，这个不好，为什么不这么做呢。

比较的声音：为什么他有，他有什么了不起，我比他好，他凭什么这样。

占有的声音：这是我的，必须听我的，按我说的来，这个由我来决定

接下来请站起来，再做几个深呼吸，试试换着读读以下的句子，看看会有什么样不同的感觉?看看又是什么样的情绪，给你的身体带来了力量。

追求美好的声音：生命很美好，每个人都有善良的一面，我想去看看大自然。

富足的声音：我拥有我想要的一切，我对生活很满足，人生中有很多机遇和奇迹。

希望的声音：明天会比今天更好，一切都会越来越好，我对生活充满期待。

幽默的声音：别太严肃啦，这可真逗，没事偷着乐吧。

乐观的声音：所有的挑战都是来帮助我的成长，我会变得越来越强大。

感恩的声音：生命就是人生最大的福报，感谢天空、大地、父母养育了我，感谢朋友亲人陪伴我。

宽恕的声音：没有什么不能放下，我让自己获得自由。

（三）善于“调情”，提升情绪敏感度

有很多“调情”的技巧，帮助我们恢复对情绪的敏感。

为自己的“情绪字典”增加词汇量，在语言表达中有关情绪的词语要多多使用。比如，我很“烦恼”，也有点“不安”，或许还有一些“烦躁”，多多比较情绪之间微妙的变化。

看点文艺电影，读点言情小说，体会下文化遗产中关于情感的名诗名句，体会人类丰富的情感。

学习关注他人，从肢体语言、表情、语音、语调、语气、行动等细微之处，感受他人情绪情感的变化和需要。

学习倾听与沟通，多多与亲人朋友交流，跟他们沟通有关情感的话题，了解自己和他人不曾发现的情感需要。

（四）谨慎“纵情”，关注影响

人的情绪就如潮起潮落。身体不适，生理周期的变化，饮食不同，疲倦，环境也天气，都是非常重要的影响情绪的因素。甚至在一天之中，我们的情绪也不一样。对于某些人来说，遇到特定的人、特定的事也会触发他激烈的情绪，这和他过往经历中的某一个事件的情绪记忆密切相关。

“我不该这么想”，“我要想点开心的”，这是在压抑“情”；“不管了”，“爱谁谁了”，这是在放纵“情”。

“我这么做是为了大家好”，“退一步海阔天空”，这些又有可能是在“掉包”我们的情绪。

我们的情绪一旦表达，对他人、对环境，也会产生连锁式的反应和影响。我们是否被他人喜爱和接纳，与你传递出的情绪密切相关。

情绪是一种生命的体验，是我们人生中最重要的“知己”。与情为伴，不为情所伤，是生命的智慧。

五、情商加油站

“情感觉察”是一种了解自己的能力。

拥有觉察的能力，使我们能够识别自己的感受和情绪，并能把不同的、甚至是细微的情绪感受区别开来，使我们知道是什么原因引起了这些情绪。

情感觉察的能力还帮助我们能够准确地把感受表达出来。不仅了解自己的感受，还能描述和表达感受，有效地沟通。

心理学家斯坦和布克认为，情绪的自我觉察是构建其他多数情商能力的基础。构建 EQ-I 情商测评体系的巴昂博士认为，个体必须懂得自己的感受，才能体会其他人的感受。雷恩指出，一个人对他人的同情程度，不能超越其检查自己的情感状况的能力。

可见，“情感自察”的情商能力为其他情绪智力的发育提供了跳板，因此而被认定为“元能力”(meta-ability)，它决定着个体包括纯粹智力在内的其他技能的发挥程度。

有效的“情感觉察”能力在职场的表现

了解工作角色要求展现何种工作情绪，并为之努力达到；

对于工作内容和工作对象保持适度的情感；

知道自己喜欢和擅长的工作领域会带来积极的情绪体验；

知道依照自己的情绪带来的行为后果，以及我们的情绪对他人带来的影响；

保持与人相处的敏感性，能够区分自己的情绪和他人的情绪。

“情感觉察”能力不足在职场可能的表现

辨别情感困难，理解“情绪”的起因困难，表达情感困难，像个“机器人”，很难融入集体氛围；

被自己的感受所淹没，并不自知，不能采取行动，绩效低下；

漠视情感，压抑情感，用抱怨抒发不舒服的情绪；

自己对情绪不敏感，看不出“气氛”的变化，也不关注他人情绪变化，常常煞风景或者不清楚“状况”；

长期情绪损耗，出现职业倦怠。

“情感觉察”能力使用过头的表现：

过分敏感，特别在意，众人皆醉我独醒；

夸大自己感受，特别是负面的感受，自怨自艾，传递消极情绪；

由于过分敏感，可能分不清自己的情绪和他人情绪之间的界限，特别容易被暗示、移情、投射。

六、情商测一测

以下的问题帮助我们检验，我们是否是一个对情感、情绪敏感的人，我们是否足够了解自己的情绪状况。

1. 我难受时，清晰知道是什么原因。

2. 我能准确、较细致地区分不同的情绪状态，而不是只知道现在感觉好或者不好。

3. 能够用恰当的词列举出至少 10 种以上的感受。

4. 希望别人能够了解我的感受。

5. 我了解我做什么事情的时候开心，做什么不开心。

6. 知道自己喜欢的人和不喜欢的人都是什么样，并且知道原因。

7. 心烦意乱时，我能够分清楚是伤心、害怕还是愤怒。

8. 无事可做时我也不会空想。

9. 了解自己的身体，对于变化或异常我能够迅速觉察。

10. 对我来说，情感的沟通很重要。

11. 理解别人的情感，以及产生的原因。

12. 知道别人什么时候需要情感的支持，并知道自己想要去支持他的目的是什么。

13. 对于某些事情，特别会引起我的强烈的情绪，我明白这是为什么，并会克制。

14. 会在激烈的争论或冲突中很快抽身出来，发现自己和他人的情绪及起因。

15. 身体很疲倦的时候，我知道自己只是累了，而不是迁怒于他人或者胡思乱想。

如果以上的回答都是YSE，恭喜你，你是一个觉察自己情绪的高手。这是你驾驭情绪情感，发挥情商的前提。

如果你的回答不到三分之一是YSE，你要好好地寻找一下自己内心的感受了。

第十四课　冲动控制

谁都会生气，但是，在合适的场合，合适的时间，找合适的人，用合适的程度，基于合适的目的去生气却并不简单。

——苏格拉底

一、职场越来越“冲动”

根据智联招聘发布的《毕业生“闪辞”大调查》显示，毕业之后一年内超3成人曾经“闪辞”。

北京大学、清华大学、中国青年政治学院等高校发布的《大学生职业适应状况调查报告》显示，职场新人在3年内，变动两次以上工作的占57%，其中变动3次以上的占32%。第一份工作，65%的应届生坚持不了一年。

员工频繁换工作，企业居高不下的离职率，在当今的职场早已不再是新鲜的话题。

“跳蚤族”们不管不顾地撒手而去原因很多，却也不外乎认为“缺乏发展空间”，工作内容单调乏味，工资待遇不理想，对单位无法认同，与自我期待有落差，不看好单位发展前景，不喜欢自己从事的工作，不适应工作环境等等。

然而，各种理由都不足以解释如此频繁的跳槽——“闪辞”。

“不喜欢绝不熬着！”这才是真正内心的声音。

“闪辞”、“裸辞”、“跳蚤族”们其实也都明白，未必跳了就有更好的。很多人为此甚至付出了巨大的代价。

工作中，HOLD不住的情境也时有发生。

投诉电话的那端：“你就会说稍等，你们怎么这么不作为，网都断了一天了，我们花钱是养活你们吃干饭的吗？”

投诉电话的这端，委屈万分，我难道就是来受这个气的吗？于是毫不示弱地：“有本事你找电信局嚷嚷去，又不是你一家这个情况。我怎么吃干饭了，今天我还就不伺候你了，你去投诉我吧。”说完，摔下了电话。大不了不干了！

办公室，不总是天下太平，偶尔也会充满火药味。面对不理解，我们要以理据争，面对不公平，我们会拍案而起。可是事情过后，我们又往往觉得，似乎没必要，我这是怎么了，其实这个事没那么严重，其实这个事是可以解决的。

很多时候，我们由于没有控制住情绪后悔莫及。

这种让我们悔不当初的冲动，被心理学家称作“情绪的劫持”。有效控制冲动，防止被“情绪绑架”的情智能力，称为“冲动控制”。冲动控制的能力，帮助我们远离由于失控而导致的不理性行为。在职场中，能够控制冲动的人，不会轻易与同事、上下级、客户发生冲突。他们对工作内容和工作环境表现出必要的耐心和坚持，能够避免为了立即满足自己的短期目标和欲望而放弃对长期目标的追求。

二、管理你的情绪波

（一）认识“情绪劫持”

在我们的大脑里，主管“理性”的大脑和主管“情绪”的大脑，正常情况下是相安无事、彼此配合运作的。然而，在一些“特别”的情况下，“情绪”的大脑会突然爆发巨大的情绪能量，在“理性”的大脑尚未全然察觉之前便先斩后奏。也就是说，管理思考的大脑皮质往往来不及思考，原始的冲动就开始行动起来了。而这种巨大的情绪力量，会阻止“理性”的大脑工作，推理程序就会失灵，这时候根本无法理性的思考。俗话说：“没走脑子”，我们把这种现象，就叫做“情绪的劫持”。换句话说，就是“情绪”把你的大脑“绑架”了，你瞬间变成了一头冲动的怪兽。

产生冲动的部分就是“杏仁核”。医学文献记载，一年轻人因病切除杏仁核，从此他对人失去了兴趣，宁可离群独居。此病人能够对话，却无法识别朋友，甚至连母亲都不认得，面对别人的悲痛也无动于衷。他的大脑像计算机一样，不具备“情感”的程序了。杏仁核被切除的动物也不再感到恐惧或恼怒，对自身在群体中的地位没有感觉，如同行尸走肉。

杏仁核是人类的情感数据库，没有了这个情感数据库，人们便无法体验生命的意义了。然而这个情感数据库如果一时间数据泛滥，后果也不堪设想。

当然，冲动也并非都会带来不好的结果，有时候我们需要利用本能，"迅速反应"、"当机立断"。

“冲动控制”这种情商技能，就是有效管理杏仁核，恢复理性和感情平衡的过程。检验其是否“有效”，是要看我们是否做出了真正有利于自己的决定。

（二）捕捉情感波

我们的情感就如海上的波浪，时而风平浪静，时而波澜壮阔。风平浪静之时，显得缺乏活力，波涛汹涌的时候，又很难驾驭。

如果我们把“情绪劫持”的状态比作情绪的波峰，那么，当情绪积累到波峰，巨浪打来是很难控制的。所以，在情绪的波浪到来之前有效觉察，在情绪涌起的时候有效化解，就变得尤为重要。

留意自己冲动的迹象，提高情绪的敏感度和觉察度，总结一下自己常常冲动的情境，对自己快要冲动的反应和感觉要十分敏感。比如，我一遭受批评就呼吸急促，浑身紧张，心跳加快，准备战斗；比如，我一遇到不平，就拍桌子，摔东西，走来走去，一定要找个人说说；又比如，我一见到某个人，心情就不好，说什么都觉得不对。

我们要发挥“情感觉察”的技能，对自己的负面情绪，建立起积极的监控机制。

（三）转移注意力

飞机遇到气流乘客如何反应：埋头看报纸，还是找出安全须知，注意听飞机引擎的声音。美国天普大学心理学家苏珊娜·米勒进行了一项心理实验，困境中两种不同的注意力方式导致了个体体验的不同结果。“置身事中”的人非常注意观察周围环境，无意中增大了他们反应的强度，在失去冷静的自我意识时情况尤其如此，结果是他们的情绪更加紧张。“置身事外”的人则通过各种方式分散注意力，较少关注自身反应，因此，他们即使没有降低反应本身的强度，也会把情绪反应的体验最小化。

对于一些并不强烈的情绪，我们当下又没时间处理，可以采取转移注意力的方式，让我们降低此种情绪的体验，正常开展工作和学习。然而，情绪可能随着你投入工作、暂时的忙碌、分散注意力而化解，也可能悄悄累积下来。转移注意力只是缓兵之计，也会给情绪的“波涛汹涌”埋下隐患。

（四）表达情绪，化解能量

将情绪表达出去，是化解激烈情绪，防止负面情绪达到波峰的最好方法。表达的方式也多种多样，倾诉、写日记、画画、运动。

我们最多的还是使用语言去交流。当负面的情绪在内心涌动，特别容易“祸从口出”。我们将情绪表达出去的时候，特别容易同时表达自己的判断和评价，包括我们的观点和态度。然而，这些内容都特别容易招致对方的挑战和质疑，甚至攻击。这样不仅不能起到化解情绪的效果，反而激起了另一个负面的情绪。

正确的方式是，只表达我的情感和事实。

举例：

你懂不懂规矩？

质疑、评价

你为什么抢我的客户？

质疑

我感觉你不考虑别人。

评价

我很生气，因为你抢了我的客户。

情感、判断

我很生气，因为你的行为不符合规定。

情感、评价

我对你的行为方式感到气愤。

情感，但不明确

我很生气，因为这个客户我上次联系过，回来后发现你跟进了。

情感，描述事实

（五）按个暂停键

研究表明，愤怒的情绪爆发时，所持续的时间不超过 12 秒钟，就如暴风雨来临一般。这些冲动的情绪需要的能量非常大，但来得快去得急，只要在爆发初期这最关键的 12 秒你不点燃它，一般都会自动平息，至少大大减弱。所以，给"冲动"按个暂停键就很重要。

深呼吸，数数儿，背个乘法口诀，如果你能做到，都不失为很好的办法。你亦可以做一些肢体的动作（当然不是攻击性的），比如搓搓手，目的是把注意力从情绪转移到身体上。

深呼吸是抑制强烈情绪和寻找安静之地最常用的方法之一。真正有意义的呼吸，是把全部的注意力集中在呼吸上。如果你在呼吸的时候，数数儿的时候，头脑里还在想着让你愤怒的人或事，那么这些"暂停"都是没有效果的。

把手轻轻放在丹田的位置，开始呼吸，感受空气从你的鼻腔，进入呼吸道，到达肺部，流动到丹田，腹部在慢慢地鼓起来。同样的，再体会气息如何从腹部最终通过你的鼻腔呼出去。

把注意力完全放在呼吸和身体的感觉上，5-10 分钟之后，体会情绪的变化。

控制情绪的能力，就是锻炼我们“心理的肌肉”，目的是让情绪张弛有度，进退自如。

迎接情绪波峰挑战的能力，功夫在于平日。保持舒畅的心情和健康的身体，锻炼有效的“情绪肌肉”才是解决之道，这样会让你增强抵抗暴风雨的能力。我们并没有一劳永逸的方法，能够瞬间降服巨大的情绪能量。我们要做的是，尽量让情绪的猛兽不会到来。

三、“ABCDE”，给情绪排雷

本杰明·富兰克林曾说，“生气总是有理由的，但很少出于正当的理由。”那些负面的情绪的波浪会反复出现，不仅包括愤怒，还有嫉妒、悲伤，一波又一波的抑郁和无力。有人说，我们遇到的困难可能有很多，但是我们的问题只有一个。找到这个问题，是解决反复出现负面情绪的关键。这是我们情绪的一个“堵点”。

泰斯发现，以更积极的态度对引发负面情绪的处境进行重构，是平息怒火的最有效的方法。这种重构的方式，就是疏通情绪堵点的方法，也被喻为“给情绪排雷”。

ABCDE排雷法是这样的。

我们通常认为，是事件A引起了我们的情绪C，即A→C。

ABCDE理论指出，诱发性事件A只是引起情绪的间接原因，而人们对诱发性事件所持的信念、看法和解释B，才是引起情绪更为直接的原因，即A→B→C。

比如：大家在排队买票，有人插队，你很愤怒！可是有的人反应没有那么强烈。同样的A，为什么会有不同的情绪结果C呢？显然，是因为我们的B，对这个事件的看法不同。所以，可以说“人并不是为事情困扰着，而是被对这件事的看法困扰着。”

同样，同一个事件A，由于我们的B信念转换了，那么带来的情绪体验C

也将会不同。

ABCDE 的方法，是让我们重构信念的过程，也是有效解决反复出现情绪“堵点”的技术。

A 是指事件，即诱发你的情绪和冲动的事件；

B 指旧的信念，是指个体在遇到诱发事件之后，对该事件的想法、解释、态度、评价；

C 是指这件事发生后，人的情绪和行为结果；

D 对旧信念的思考、质疑、抛弃；

E 新的信念，新的收获，新的行动。

ABCDE 的具体使用步骤如下：

第一步，在 C 栏，写下不愉快的感觉和你采取的行动；

A	B	C	D	E
		领导对我发脾气，我很郁闷，我决定下午什么活也不干了		

第二步，在 A 栏填写诱发难过情绪的事件；

A	B	C	D	E
领导很晚到办公室，进门说我昨天的报表没做好，说我最近工作状态太差		领导对我发脾气，我很郁闷，我决定下午什么活也不干了		

第三步，在 B 栏，填写你内心语言，你在那一时刻的想法、信念；

A	B	C	D	E
领导很晚到办公室，进门说我昨天的报表没做好，说我最近工作状态太差	凭什么说我状态差	领导对我发脾气，我很郁闷，我决定下午什么活也不干了		

第四步，在 D 栏，填写下你对 B 中的信念的思考，质疑，抛弃。

你可以尝试着问自己：

我这个想法一定是对的吗？可能有其他的情况吗？

他的行为一定是针对我吗？

如何证明我的想法呢？

如果有人遇到同样的事，问我该怎么办，我会怎么说？

我这样的想法对自己有意义吗？

A	B	C	D	E
领导很晚到办公室，进门说我昨天的报表没做好，说我最近工作状态太差	凭什么说我状态差 我认为我报表做的不错 你凭什么对我发脾气	领导对我发脾气，我很郁闷，我决定下午什么活也不干了	领导也许今天心情不好 我的报表是不是真的出了问题 为什么我给领导状态不好的印象 我为什么对批评特别敏感	

第五步，经过这个反思的过程，我们在 E 栏，填写对比 D\B 后的感受和对自己所产生的影响，你打算如何行动；

A	B	C	D	E
领导很晚到办公室，进门说我昨天的报表没做好，说我最近工作状态太差	凭什么说我状态差 我认为我报表做的不错 你凭什么对我发脾气	领导对我发脾气，我很郁闷，我决定下午什么活也不干了	领导也许今天心情不好 我的报表到底是哪里出了问题 为什么我给领导状态不好的印象 我为什么对批评特别敏感	再检查一下报表 等领导心情好的时候主动沟通一下 问问其他的同事，求证一下领导是否对我有成见 我需要调整对待批评的态度

四、学会延迟满足

当今的社会处于一个“快餐”的时代，城市的脚步越来越匆忙，科技越来越发达，让我们不断追求“快捷”。吃要快，沟通要快，物流要快，成功要快……我们仿佛变得无法等待。

这种快节奏也滋生了浮躁心态，做事不假思索、草率鲁莽、不计后果、急于求成。我们只能看140个字的微博，却沉不下心看完一本140页的书；百度一下就想知道答案，不要追寻答案的过程。

在职场中，这种“快餐文化”也在蔓延：渴望快速成功，期待成功骤降，希望业绩目标能有更快达成的捷径，而不愿意去一家一家的维护客户，等不及遵循企业内部发展的路径，觉得升迁太慢，期待用不断跳槽来取得职业生涯的“跨越发展”。我们总是被更容易发生的“快乐”、“舒适”所劫持，被容易达成的做法所吸引，而不愿意付出等待和坚持而去换取一个更大的“满足”。

与此同时，我们极力避免与当下的“痛苦”相遇，不断地推迟行动计划，这就是大家都熟悉的“职场拖延症”。结果，为了逃避“痛苦”、“麻烦”而不断拖延，却只有等到更大的“痛苦”。

无论是追求速成的快乐，还是要逃避难免的痛苦，都是因为我们缺乏一种能力，叫做“延迟满足”。当我们被“追求捷径”和“逃避痛苦”的冲动所“劫持”，就失去了等待延迟满足的能力。

为了长远的利益而自愿延缓目前的享受，在心理学上被称为延迟满足。研究发现，“即刻满足”是一种情绪的冲动，而延迟满足受控于理性思维。所以，延迟满足是心理成熟的表现，也是情商的重要技能。

（一）自我控制决定成功

延迟满足是怎么被发现的呢？对我们的成功又有什么样的影响呢？

20世纪60年代，美国斯坦福大学心理学教授沃尔特·米歇尔（Walter Mischel）设计了一个著名的关于“延迟满足”的实验，这个实验是针对小朋友进行的。实验者把小朋友单独留在房间里，桌子上摆上他们喜欢吃的零食和棉花糖。小朋友们被告知，如果你想马上吃糖，就可以按响桌子上的铃声。如果你能等研究人员回来再吃，你还可以再得到一颗做奖励。

这个过程对孩子的确难熬，有的小朋友们马上就按响了铃声，有的则使尽各种招数让自己等待。相同的是，他们都是一样的渴望吃到棉花糖；不同的是，他们是否能够克制并得到更多。

科学家们将这个实验跟踪了数十年，结果发现，当年马上按铃的孩子，无论在家里还是在学校，都更容易出现行为上的问题，成绩分数也较低。他们通常难以面对压力、注意力不集中，而且很难维持与他人的友谊。35岁以后，当年不能等待的孩子有更高的体重指数并更容易有吸毒方面的问题；而愿意等待的孩子们则相反，他们表现出更好的成绩和人际交往能力。这种“自我控制”能力，无疑对人生的品质起到了非常重要的作用。

能够“忍耐”的人，为了追求更大的目标、获得更大的享受，可以克制自己的欲望，放弃眼前的诱惑。他们往往能够把一个个小的欲望累积起来，把“生活中的棉花糖”一个个积累起来，成为不断激励自己前进的动力，获得更大的成功。

而不能忍耐的人，他们无法克制“冲动”，必须即刻体验满足和快乐，总把自己不喜欢的事情拖到最后。结果，往往问题变得更加棘手，更加没有勇气和动力去解决。

(二)延迟满足需要训练

1. 权衡利弊法

比如，你现在不愿意受老板约束，准备辞职创业，那么不妨分析一下现在以及未来，并填写一份权衡利弊清单。

好处:	问题:
可以不打卡了	没人发工资了
没人管了	归工商局管了
	自己找客户了
	没有人上保险了
	自己要招聘
	自己管理员工
	万一不成还要重新找工作

经过权衡你会发现，为了“不受约束”，你将在未来付出更多的代价。于是，你要调整自己的策略了：坚持上班，积累客户资源。

又比如，你不想开展一项工作。好处是可以不难受，可以上网溜达，可以不去计算那些讨厌的数字；问题是到了下班还没完成，必须加班，到时候非常紧张，做错了肯定要挨骂，搞不好晚上还要加班。于是，你决定开始找数据，算数字，争取早点做完。

这权衡利弊的清单，是最直接最有效的方式，把短期满足带来的长期恶果或者延迟满足带来的好处具体化，让我们直面困难，不给自己短视的机会。

2. 最后期限奖励法

给自己定出最后期限，甚至稍微把最后期限提前一些，并且公布自己的最后期限，让大家来监督，或者作出一些承诺，都有利于改善自己拖延的问题。告诉自己，完成以后就可以给自己一个合适的奖励，培养自己努力达成目标。

使用奖励法要避免给自己的奖励太多太快。一次，我遇到一个学生，她听完我的课程后说，老师，今天太有收获了，晚上要奖励自己一下。要么就是，“今天我又约了三个客户，送自己个礼物吧”。

让你的奖励变得物有所值，才能体现奖励的价值。

3. 困难前置法

做计划的时候就把困难的工作或者会谈约在前面，这样趁着自己最有精力的时候攻下难题，往后会越做越顺手。别等到最后关头再去攻关难题，这会让自己信心不足、体力不支。

4. 转移注意力法

实验室里的小朋友，有的把自己的眼睛蒙起来，让自己看不到棉花糖。这种转移注意力的方式也可以让我们不那么被即刻的诱惑所吸引。不去听那些走捷径的言论，不去看谁又取得了什么成就，不去讨论谁又去玩了，关掉qq微博，埋头按照自己的目标，踏实的做一件事，会让自己真正的提升。

5. 切断后路法

如果你不想购物，就把信用卡放在家里，兜里只带一些零钱；如果你在专心做工作，就切断网络，不再聊天逛微博；如果你想减肥，就把家里的冰箱清理一番，让自己没有想头。不能随时“出轨”，也是个好办法。

6. 待弄花草法

养一盆花吧，等着它从一颗种子慢慢破土，发芽，生枝，开花。你要浇水，施肥，捉虫，让它晒太阳，给它避风雨。

亦或者拿出一天的时光，把你的房间彻底清理一下，看看挥汗如雨后整洁的房间，你又会是什么体会呢？

一分耕耘一份收获。在这个过程里，你会有意想不到的收获。

延迟满足不是对快乐说“不”，不是对欲望的压制，而是帮助我们达成短期快乐和长期收获的平衡。对自己有控制力的人，会变得越来越自信。随着自我控制力的增加，我们感受到自己能量的增强，自己可以控制的领域也越来越大，我们能更好地应付生活中的挫折、压力和困难。在追求自己的目标时，更能抵制住即时满足的诱惑，而实现长远的、更有价值的目标。

五、情商加油站

冲动控制，是能够控制住自己情绪的能力。冲动控制能够抵制或拖延一种冲动、内驱力或行动倾向。这种能力帮助我们平息一个人的进攻性冲动，控制侵犯、敌对和不负责任的行为。缺乏冲动控制能力的人，挫折忍受力低，行事鲁莽，缺乏愤怒控制能力，出言不逊，脾气失控火爆，容易做出反常行为。

冲动控制还有助于避免采取为获得暂时的快感而造成潜在长期不良影响的某种行动。

有效的“冲动控制”能力在职场的表现

能控制自己的火气，不乱发脾气；

遇事有耐心，能够按部就班地工作；

不做冲动的行为和决定；

有延迟满足的能力。

“冲动控制”能力不足在职场可能的表现

特别冲动，无法控制自己的情绪；

想到的事必须马上去做，无法坚持，没有毅力；

不顾后果地发脾气。

“冲动控制”能力使用过头的表现

压抑自己的情绪和情感体验；

对情绪很麻木，甚至对遭遇侵犯和攻击也无动于衷；

对参与的事缺乏热情，也没有什么自发的能力。

六、情商测一测:

控制冲动测试

(0没有,1偶尔,2经常)

1. 别人对我的过激反应有意见;　( )
2. 排队让我发疯;　( )
3. 我忍受不了别人对我的粗鲁;　( )
4. 我总是对别人的批评反应过度;　( )
5. 我很容易跟别人争吵;　( )
6. 开车堵在路上让我感觉压力很大;　( )
7. 我觉得大多数司机都是坏司机;　( )
8. 我发现大多数店员和接线员服务人员都非常无能;　( )
9. 与别人很难继续讨论时,我很容易生气;　( )
10. 小小的事情都会让我很生气。　( )

0-7:不用担心,你能够平衡自己,即使在棘手的情况下。

8-14:在压力环境中,你很容易生气。

15-20:再不采取措施,你的愤怒情绪可能产生有害的结果。

第十五课　抗压能力

人的生命似洪水在奔流，不遇到岛屿、暗礁，难以激起美丽的浪花。

——奥斯特洛夫斯基

一、全球性压力山大

2011年　4月12日晚，一条“普华永道美女硕士潘洁过劳死”的微博在网上迅速流传，如花的生命骤然逝去，人们无不惋惜。“过劳死”这种以往只听说在西方国家出现的职场现象，已经频繁出现在我们身边。

北京一家调查机构对深圳职场人士调查发现，伴随着特区十多年的快速发展，当初的创业精英已有近3000人逝去，其逝世平均年龄为51.2岁，比全国第二次人口普查广东省平均寿命76.52岁低25.32岁。

智联招聘一组职场调查数据中显示：38.3%的职场人士每天都要加班，23.3%的人每周会有一半时间加班，35.3%的人在公司特别忙的时候需要加班，只有3.1%的人从来不需要加班。42.6%的人认为自己已经比较操劳，16.4%的职场人士更是表示，我已经过劳。

在职业病方面，42.6%的人士有长时间看电脑造成的眼睛不适，鼠标手等问题，40%的人士体会到了由于工作压力导致的身体不适，39.4%的职场人士认为自己有由于工作压力引发的精神心理问题，36.6%的人有颈椎疼痛、肩周炎、

腰椎疾病、静脉曲张等由于久坐或久站产生的问题，

2007年，全国心理健康指导与教育科普工作研讨会上，有关专家介绍说，中国亚健康人群比例达70%，其中IT和企业高管从业人员亚健康比例最高，达91%。在亚健康的成因中，排在第一位的是心理失衡。慢性疲劳综合征（Chronic fatigue syndrome，CFS）是当今医学最难攻克课题之一，也称压力综合症。其中职业倦怠就是一种慢性疲劳症表现。

现代社会中，由于各方面压力带来的心理问题，已经越来越引起各界的广泛关注。我国各类精神疾病患者总人数已超过1亿人，重症精神病患者达1600多万人，医疗费用支出约占全部疾病总负担的1/5，超过心血管、呼吸系统及恶性肿瘤等疾患，居我国病患首位。

因心理原因引发的自杀，已成为我国15-34岁人群的首位死因，全国平均每年有30多万人自杀，200万人自杀未遂；由心理因素引发的暴力事件呈逐年上升趋势，成为影响社会和谐的重大公共卫生问题和社会问题。

国际劳工组织（ILO）曾发表一项调查指出，在英国、美国、德国、芬兰和波兰等国，每10名员工就有1人处于忧郁、焦虑、压力或过度工作的处境之中；在芬兰，心理健康失调是发放伤残津贴的主要原因，50%的劳工或多或少都有与压力有关的疾病症状，7%的劳工由于工作过度而导致过度劳累及睡眠失调等症状；挪威每年用于职业病治疗的费用高达国民生产总值的10%；在美国，37%的人报告工作压力增加，75-90%到医院就医的员工都会抱怨工作压力太大。据估计，在美国每天约有100万的员工为了逃避压力而缺勤，每年由于压力会损失5.5亿个工作日。

到底是什么样的压力让我们如此过度工作？究竟是什么样的“事业心”让我们付出这么大的代价却无力自拔？职场人士对于压力的认知和处理策略以及自身的“抗压能力”，已不仅是我们当下特别需要提高的情商技能，更是当今社会一项重要的生存技能

世界500强企业中，目前有90%以上建立了EAP（Employee Assistance Program）系统。EAP的服务针对工作压力、心理健康、职业生涯困扰、婚姻家庭问题、健康生活方式、法律纠纷、理财问题、减肥和饮食紊乱等各方面，对可

能给员工带来压力困扰的个人问题进行积极干预，帮助员工缓解职场压力，恢复工作动力，从而提高企业绩效。

二、压力预警信号

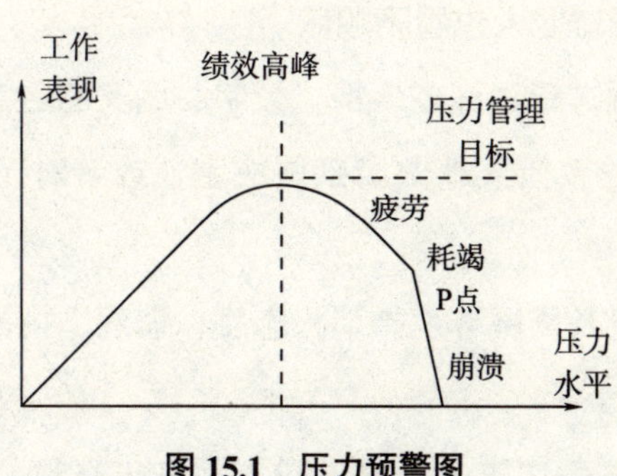

图 15.1 压力预警图

压力并非一无是处，适度的压力，本可以唤醒我们内在的动力，让自己调试到一个“最佳”的竞技状态，有助于我们调动内心能量，增强行动力，提高我们解决问题的能力。职场中，适度的压力，会改善我们的绩效表现。然而，压力超过了自我承受的限度，就会出现相反的作用结果了，我们会变得疲劳，行动力、创造力下降，甚至产生情绪的耗竭直至崩溃（如图 15.1 所示）。

每个人的压力承受能力并不相同，但压力的预警信号可以告诉我们，自己是否已经处于承受压力的极限了。当以下这些压力预警信号出现的时候，说明我们已经有点扛不住了，必须及时调整应对策略。

生理上：

1. 头疼的频率和程度在不断增加。
2. 皮肤变得敏感、干燥、有斑点和刺痛、出疹子。
3. 肌肉紧张，尤其是发生在头部、颈部、肩部和背部的紧张甚至疼痛。
4. 消化系统问题，如胃痛、消化不良、大便无规律或溃疡扩散。
5. 心悸和胸部疼痛。

6. 异常的体重变化。

心理上：

1. 你的情绪可能突然变化多端，易怒易烦躁，无耐心，情绪化或喜怒无常。

2. 你的情绪也可能面临“枯竭”，容易心不在焉、犹豫不决、缺乏注意力，感觉没有精力、没有积极性。

3. 和自己较劲，要么沮丧、害怕、失去自信，要么自负固执、充满嫉妒，对自己总是不能满意，对他人也看不顺眼。

4. 好忘事。你发现忘记了许多事情，数字、朋友的名字和通常记得的地方。

5. 判断力下降，导致错误地做出某些决定，或者对无关紧要的事情也优柔寡断。

6. 持续性的对自己及周围环境持消极态度，悲观、挑剔，情绪低迷。

行为上：

1. 丧志，无趣，对工作失去兴趣，对人际失去兴趣。对人群有疏远感，不愿意面对和经营关系。

2. 饮食习惯失调，起居坐卧没有规律。

3. 借酒浇愁，不断抽烟，疯狂购物，或者一些成瘾的行为。

4. 开车变猛，语言冲动，经常有攻击性行为。

5. 睡眠易受打扰，质量欠佳，即使睡着了也多梦。

6. 性欲减退也是承受压力的常见征兆。

7. 失去幽默感，发现自己很难放松，经常坐立不安。

三、职场压力高危人群

不同性格特点的人，应对压力的模式和抗压能力不尽相同。

在职场中，有这样一类人，貌似特别“抗压”，整日精力充沛，但是也是最容易“制造”压力，被压力伤害的人。他们往往“事业有成”，却面临着巨大的健康风险。

如果让我们来给这样的人画张像的话，那么通常具有以下特征：雄心勃勃，渴望竞争，“苛求”自己，不惜任何代价实现目标；以事业为重，把事业成功作为评价人生价值的标准；严重的现实主义者，甚至忽略自己的情感需要；把工作日程排得满满的，试图用最少的时间办最多的事，是个工作狂；终日忙碌、快速走路、快速吃饭，不知道放松和度假是何物，极不情愿把时间花在日常琐事上，休息的时候有负罪感。知道自己的个性，同时也认为这没什么不好的，不伤大雅，也不用改变。

美国心脏病学专家弗里德曼和罗森曼在研究中发现，这种性格的人非常容易患心脏病。因此他们就把这种易于患上冠心病的性格称为 A 型行为模式。

A 型人格的人，因为如此“高效”工作，高标准要求自己，往往容易获得职业成功。据研究，有近 6 成的“成功人士”、企业家都属于此类性格。在记者中，A 型人格的比例更是达到 7 成。

然而，A 型性格的人，长期生活在紧张的节奏之中，引发焦虑状态极易导致心血管病。有统计表明，85% 的心血管疾病与 A 型行为有关。同样，有关研究也表明，A 型性格与冠心病的发生密切相关，在心脏病患者中，A 型性格达 98%。“经常想到有许多事情要做，却没有时间去做”，“经常认为一定要达成目标，事事都非常关键”，这种急迫、紧张、忧虑直至心力交瘁的心理状态，高血压、心脏病、糖尿病、溃疡病便会随之发生，甚至会导致心肌梗塞而猝死。

如果你也认为自己有 A 型人格的倾向，不妨做一下下面的测试题：

1. 在谈话中是否过分强调一些词，却对句子中最后的几个词一带而过？

2. 行动、吃饭、走路的速度是不是总是很快？

3. 当事情的进展速度不能如你所愿时，是不是会变得生气和不耐烦？

4. 是否经常在同一时间干几件事？

5. 是否经常把话题转到你所感兴趣的问题上来？

6. 休息时，你是否有点负罪感？

7. 你是否因为“行色匆匆”很难注意到环境中的新事物？

8. 你是否更关心结果而不是过程？

9. 你是否经常在很短的时间内安排很多的事情？

10. 你是否发现你和喜欢赶时间的人在暗地里“较量”？

11. 在交谈时，你是否喜欢用一些有感染力的手势，比如为了强调某一个问题而紧握拳头或敲桌子?

12. 你是否认为行动迅速是成功的关键?

13. 在日常生活中，你是否经常用数字给你的工作打分，比如卖出货物的数量，用多少天完成了任务等等。

以上的答案，你回答“是”的比例越多，则具有 A 型人格的可能性越大。

为了健康和更高的成就，A 型人格的职场人士很有必要做出以下的调整：

1. 降低标准，制定让自己更容易达到的目标。

2. 降低难度，不一味挑战高业绩、高绩效。给一项工作多安排一些时间完成，不同时做很多件事。

3. 严格划清工作与休息的界线，强制自己休息。

4. 培养业余爱好，增加生活情趣，加强与亲人和朋友的情感交流。

5. 经常参加体育活动，保证饮食规律，提高机体承受能力。

与 A 型人格相对应的一类人，心理学家们把他们描述为 B 型人格：他们没有过度时间上的紧迫感，很少因为不断增多的工作和无休止的提高工作效率而感到焦虑；认为没有必要过分表现或讨论自己的成就和业绩，除非环境要求如此；充分享受娱乐和休闲，而不是不惜一切代价实现自己的最佳水平；享受生活，充分放松而不感内疚，不易为外界事物所扰乱。

在日本，长寿一族中 B 型人格极多。而在事业的成就上，B 型人格的人，也并不逊色于 A 型人。

尽管 A 型人由于“出色”的工作，往往跃居榜首，荣获高位，成为“看得见的上层”，但 B 型人常常占据组织中“非一线”的管理岗位乃至幕后的“推手”，被誉为“看不见的顶层”。

A 型人格倾向于追求效率和结果而放弃质量。匆忙的脚步，长期的疲惫状态，也可能面临决策思考欠佳。没有时间站到“局外”，审视自己的发展和局势，没有机会更多地“运筹帷幄”，使追求高度的 A 型人反而失去了更多迈向高度的机会。

随着研究的深入，科学家们又发现有一类人，不幸具有与“癌症”发病高度相关的性格特征，被命名为C型人格。行为退缩，过分自我克制、回避矛盾、忍让顺从，为了取悦他人怕得罪人，气往肚子里咽；爱生闷气，不善于表达或发泄自己的负面情绪，对不幸之事内心体验深刻，过分忍耐，因而长期处于压抑状态；对人际沟通存在焦虑，不善与人交往，或不愿意与人交往，害怕与人竞争，经常无力应付生活的压力而感到绝望和孤立无援；对待生活表现出过度理性和冷漠，具有坚韧和自我牺牲的精神。

C型人这种强烈的感情压抑，特别是对愤怒的压抑，会导致自身内在生理机制承受很大的负面能量的“袭击”。无望和悲观的感受，也会造成免疫系统的问题。研究表明：包括肠癌、肺癌、乳腺癌和恶性黑素瘤在内的几种癌症都和C型人格特征相关。

劳伦斯·莱森教授开列了一个问题表，可以帮助了解自己的性格。

1. 你感到很强的愤怒时，是否能把它表达出来？

2. 你是否不管出了什么事都尽可能把事情做好，连怨言也没有？

3. 你是不是认为自己是个很可爱的、很好的人？

4. 你是否在很多时候都觉得自己没有什么价值？是否常常感到孤独，被别人排斥和孤立？

5. 你是不是正在全力做你想做的事？你满意你的社交关系吗？

6. 如果现在有人告诉你，你只能活6个月，你会不会把正在做的事情继续下去？

7. 如果有人告诉你，你的病已到了晚期，你是否有某种解脱感？

理想的答案是：1. 是；2. 否；3. 是；4. 否；5. 是；6. 是；7. 否。

如果你对上述问题的回答中有两个以上与上述答案相反，就说明你具有C型性格的某些特征。

然而，并非具有C型人格患病几率就大，只是，加强自我调试却刻不容缓。

1. 疏泄或排解不良情绪。C型人惯于压抑情绪，久而久之可能对自身的情绪状态感觉麻木，很多人由于“道德感”的约束，认为发泄情绪是不对的，往往无法找到合适的途径去疏导情绪。有鉴于此，可以通过写日记，找合适的人倾听，看一些能够投射自己情感的电影电视剧等方式疏导情感。遇到能勾起自己情绪起伏的事件，可以找机会大哭大叫一下，进行宣泄。情绪犹如洪水，积累久了，必然要决堤，平日里多多疏导，方可避免“泛滥”。

2. 建立良好的人际关系网络。人际支持是对我们有效的情感支持方式。C型人要提升自己的人际交往技能，肯于与他人“交心”，不要过分在意他人的评价。

3. 积极的心境体验。C型人容易对事业倾向于消极的评价，对未来持有悲观的态度。这种悲观的态度，又会加强自己的负面情绪体验。提升自己“积极乐观”的情商能力非常重要。

4. 爱自己，不做伤害自己的事。不让负面的情绪待在健康的身体里，爱自己，与自己和谐相处。

四、应对有方，化解压力

（一）审视压力来源

1. 来自生活事件中的压力源

在心理咨询工作者常用的生活事件量表（LES）中，列举了48余项日常生活工作事件，这些事件均可能对个人产生心理、生理、情绪及精神上的影响（体验为紧张、压力、兴奋或苦恼等）。这些压力事件不仅包括亲人离去、离婚、失业、疾病等负面事件，还包括结婚、生子、破镜重圆、非凡成就等高兴事。换工作，改变习惯，学期的开始或结束等变化，也会带来不同程度的压力感受。

2. 来自职场的压力源

智联招聘2012年职场平衡指数调查中，通过职场调查，列举出工作任务、人际关系、角色模糊、职业规划、时间平衡等职场人士常见压力来源。

3. 内在压力源：反思个人体验

压力是客观的，又是主观的。面对同样一种压力，个体会有不同的“感受”。这些不同的“体验”是我们的内在压力源。无论来自生活，还是来自职场的压力，最终都要经过我们内在的“解读”，才转化为我们真正的压力感受。

个人面临压力时的体验，与一个人的个性特征（内向还是外向、敏感与否等）、个人的经历和经验、个人的能力资源、人际社会支持系统的强弱都会有关。而这些因素最终综合作用，形成一个人对压力事件的“解释”，即我们如何理解这些压力。

这些解释可能是真实客观的，也可能是主观虚幻的；这些“解释”可能发生在意识层面，亦可能在“潜意识”层面发生，不同的理解和解释带来不同的体验和感受。“庸人自扰”和“杞人忧天”，则是一种对于压力和威胁过度消极“解释”带来的情感体验。这种消极的“解释”，造成巨大的压力。“难得糊涂”，“车到山前必有路”则显然是对威胁及其结果一种倾向于积极的解释，这种解释也将缓解我们的压力体验。

我们内在的“冲突”、“挫折感”、“恐惧”、“焦虑”才是真正的压力来源。

（二）抗压还需因地制宜

压力的应对是我们针对现实环境，有意识、有目的、灵活调整的行为。

1. 对于“刺激”度不大，但反复出现的压力

每个人的抗压能力可以比喻成一张弓，这个弓的强度有大小之分，如果超越了弓的强度，拉的越大越满，你面临崩溃的可能就越大。同时，一些持续出现的低“应激”无法经过缓解，也具有很大的危害，犹如弓箭长期拉开，会失去弹性。

职场中，我们每天都要经历交通拥堵，往返于工作和住所之间；我们面临空气质量的困扰，办公室里更是氧气不足；高房价，高污染；职场的激烈竞争；饮食没有规律，很多人不吃早餐，午餐也是匆忙解决，晚餐又容易饮入过量。诸如此类，如果单独偶尔出现，都不会给人造成太大的压力和刺激。然而，持续出现，不得调节，会严重危害我们的健康，使消化系统、免疫系统受损，甚至出现抑郁焦虑的状态。

对于这类压力，我们应该防患于未然，有意识地进行调整，防止这些小压力不断积累，形成大问题：

（1）养成良好的工作、生活习惯。

合理的饮食起居，早睡早起，按时吃饭，保证工作中的“课间休息”、“下午茶”。把饮水机、打印机放在离工位较远的地方，需要用了，站起来走一走。随时活动活动肩膀，颈椎。这些方法都随手可得，贵在重视和坚持。

（2）到大自然中去。大自然是最能够帮助我们缓解压力的场所，离开城市的喧嚣，看看日出、日落，爬爬山、兜兜风，都可以让我们恢复到自然平和的状态。

（3）情感的交流。定期与老朋友聊聊天，与新朋友吹吹牛，与父母通个电话，这些情感的交流会让我们获得支持。同样的，与小朋友、小动物玩闹一阵，也可以让我们缓解压力，恢复轻松。

（4）生活丰富。适度的娱乐活动和爱好能够帮助我们转移注意力，缓解压力。唱歌跳舞听音乐，看小说，看电影，逛商场，玩玩游戏，都可以让我们远离压力，获得愉快的感受。

（5）运动和小憩。良好的身体状况会让我们情绪和心情上有积极的感受。也能够帮助我们驱赶压力。

2.“刺激”度较大，由于短期压力源带来的压力

突然的裁员，亲人朋友突来的危病，部门调整带来的工作变化等，这些压力往往是突如其来，一下子会打乱常规的状态。这种压力应对的关键是：尽快调整状态，寻找解决问题的方法，以调整自己生理心理的平衡。

（1）离开压力源，避免反复思量。突如其来的压力，很多我们并没有应对的经验，是偶然的事件，所以，非要纠结一个“明明白白”是没有意义的。很多时候暂时离开压力源，是自己避免较大冲突的非常有效的解决方法。离开压力源不是不去解决问题了，我们可以暂时离开给我们造成压力的环境、场合、人，以保存能量，避免更多更直接的冲突。

（2）寻求解决方案。短期压力往往考察我们解决问题的能力，我们要努力寻求资源，找过来人了解经验，以拿出更好的办法来解决问题，渡过难关。

（3）寻求支持。中国有句俗语，救急不救穷，这个“急”就可以表现为短期突如其来的压力。去寻求支持，不是无能的表现，很多时候可以迅速缓解我们的压力状况。

（4）休息。压力突然袭来，我们会本能地调动自身资源去应对，同时也消耗了大量的精力，所以，保证休息是非常重要的。人在筋疲力尽的时候，思维停滞，态度消极，抵抗压力的能力也会下降。

（5）处理应激情绪。高强度的压力，一定会随之而来情绪问题。不要压抑情绪，要有效疏导情绪，必要的时候寻求专业的心理支持，让自己尽快保持镇定，有效自控，从而顺利解决问题。

3.“刺激”强度大，长期存在，带来强烈内心冲突的的长期压力

这是我们要重点解决的压力问题。这样的压力会影响我们的身心健康，严重影响我们的生命品质。

心理学家曾利用猴子做实验，把猴子关在笼子里，实验者每隔 20 秒钟对猴子进行一次电击。每次放电前 5 秒钟，笼子里的红灯就会亮起来。笼子里有一个开关，猴子在笼子里活动时发现了这个开关，每当红灯亮时，它就会按动开关逃出笼子。于是，面对电击的“压力”，猴子时刻准备逃跑，不得不时刻注意红灯的闪动。红灯一亮，就需要迅速打开开关，向外逃窜。整个实验过程中，猴子时刻处于紧张、焦虑、恐惧中，有些猴子甚至会很快死去。

我们不能任由身体在压力作用下持续不断的战斗、抵抗，对于此类问题，我们要认真面对，寻找出路。

（1）接受事实。“坦然面对”是恢复内心力量的源头，无论是命运多舛，还是突来灾难，唯有接纳才是令自己重新获得勇气和力量的源动力。任何抱怨、憎恨，“充满愤怒”的抵抗，都是给自己伤口撒盐的愚蠢行为。唯有接纳和感恩，才是解决之道。

（2）对压力事件的重新认知。古典老师在《拆掉思维里的墙》一书里，对于房奴、职业安全感、父母关系等问题，都给出了全新的视角。60 多岁的两位老夫妻，被喻为花甲背包客，卖房周游 10 多个国家。压力，取决于我们的态度。压垮我们的往往不是压力，而是观念的束缚。挣脱这些束缚，深刻看到我们内心的恐惧和欲望，才是真正解除压力的根本。

（3）重构。重构是在物理上、空间上、时间上、精神上打破自己原有的构成，通过重组来缓解压力的方法。如果上班太远一直是困扰你的压力，你可以通过重新找工作、搬家等形式，重构你的上班路线和生活内容。如果你一直感叹工作的内容不是你喜欢的专业，你亦可以通过重构你的知识结构，有效进行职业规划，然后去选择你喜爱的工作。重构需要过程，重构也需要付出，如果你真的确认了自己的目标，不妨通过重构改变现有的生活，那么很多压力也就不复存在了。

（4）打破状态。很多时候，我们并不是在“战斗”中“牺牲”的，而是在漫长的“消耗”中丧失战斗力的，所以，打破自己惯性的压力状态是非常重要的，每个月你都要给自己找一个放松的活动，甚至每一周、每一天，你都要有给自己安排有效的放松的环节。工作中，随时也可以伸展一下，这些不断的“打破状态”，可以避免你陷入“疲劳”的泥潭。

（5）和谐的家庭生活。支持系统的经营是帮助我们抵御压力的坚强后盾，良好的人际支持系统，会给我们带来情感的交流和现实的支持。特别是在他乡工作的职场人士，应该抽出时间经营自己在当地的人际支持网络以获得支持。

家庭也是我们重要的支持系统。佛罗里达州立大学的韦恩·霍克沃特教授，多年来致力于研究工作压力与工作表现、工作效率的关系，此次将目光投向伴侣对工作表现的影响。

他带领研究人员调查了超过400对夫妻，询问他们的伴侣是否承担更多家务、婚姻满意度、对家人是否苛刻、工作满意度、与同事关系、工作时能否集中注意力等问题。调查对象包括蓝领和白领。

结果显示，尽管都承受着巨大的工作压力，与伴侣不给力的上班族相比，伴侣承担更多家务的人婚姻满意度高出50%，与同事关系更融洽的比例高33%，对家人苛刻的比例低30%，工作时注意力集中的比例高25%，工作满意度高20%，下班回家后感觉疲惫的比例低25%。

（6）持续的身体锻炼饮食的规律。我们一再强调身体健康的重要性，是因为它是有效抵御压力的保障。很多的情绪问题，都是身体不适所带来的。

（7）爱好和信仰。有一门能够让自己陶冶情操的爱好，让自己的心灵有所倾注，方可让我们远离烦扰，修身养性。有所爱，有信仰，可以让我们获得源源不断的内心力量。

（8）寻求专业支持。当巨大的压力事件对我们的身心造成影响，并发生一些心理不适应症状的时候，我们要寻求专业的支持，以尽快平复心理的创伤。

http：//www.crisis.org.cn/Public/ServiceDepartSearch.aspx

在这个网站，你可以寻找到相关的专业支持。

（三）把握幸福，建设心理健康

心理健康是有效应对压力的结果，也是应对压力的内在保障。

美国心理学家马斯洛和米特尔曼提出的心理健康的十条标准被公认为是“最经典的标准”：

（1）充分的安全感

（2）充分了解自己，并对自己的能力作适当的估价

（3）生活的目标切合实际

（4）与现实的环境保持接触

（5）能保持人格的完整与和谐

（6）具有从经验中学习的能力

（7）能保持良好的人际关系

（8）适度的情绪表达与控制

（9）在不违背社会规范的条件下，对个人的基本需要作恰当的满足

（10）在不违背社会规范的条件下，能作有限的个性发挥

这些心理健康的标准与我们情商训练的指标不谋而合，内在的成长才是应对外来困难的唯一途径。

五、情商加油站

抗压能力是一种用正面、积极的方式，抵抗不利事件及应激情境，防止导致身体上或情感上出现不良症状的能力，大致包括以下方面：

对于通常的体验和变化保持冷静客观，能对压力来源作出分析和判断；

能够管理压力，使压力处于适度的可控范围，对压力产生的心理问题、健康问题，有正确的处理方法；

能够持久、乐观地面对压力环境，不会产生无望、无助、自暴自弃的行为，内心比较强大。

有效的“抗压能力”在职场的表现：

能够合理地管理工作负荷，并按时完成工作任务；

在压力面前能够保持镇定，寻找方法，做现实的决定；

在压力下，能保持积极情绪及身心健康。

“抗压能力”在职场使用不足时的表现

面对压力很难应对，很难镇定，会感觉无望；

压力来了你会失控；

对付不好压力，容易产生负面的思维。

“抗压能力”在职场使用过头时的表现

无法理解别人为什么会有压力；

忽视自己身体的感受。

六、情商测一测

心理压力自测

这个诊断表列举了30项自我诊断的症状，如在这些症状中你出现了5项，属于轻微紧张型，只需多加留意，注意调适休息便可以恢复；如有11项至20项，属于严重紧张型，有必要去看医生；倘若在21项以上，那么就会出现适应障碍的问题，需要引起特别的注意。这30项自我诊断的项目是：

1. 经常患感冒，且不易治愈。

2. 常有手脚发冷的情形。

3. 手掌和腋下常出汗。
4. 突然出现呼吸困难的苦闷窒息感。
5. 时有心脏悸动现象。
6. 有胸痛情况发生。
7. 有头重感或头脑不清醒的昏沉感。
8. 眼睛很容易疲劳。
9. 有鼻塞现象。
10. 有头晕眼花的情形发生。
11. 站立时有发晕的情形。
12. 有耳鸣的现象。
13. 口腔内有破裂或溃烂情形发生。
14. 经常喉痛。
15. 舌头上出现白苔。
16. 面对自己喜欢吃的东西，却毫无食欲。
17. 常觉得吃下的东西像沉积在胃里。
18. 有腹部发胀、疼痛感觉，而且常下痢、便秘。
19. 肩部很容易坚硬酸痛。
20. 背部和腰经常疼痛。
21. 疲劳感不易解除。
22. 有体重减轻的现象。
23. 稍微做一点事就马上感到很疲劳。
24. 早上经常有起不来的倦怠感。
25. 不能集中精力专心做事。
26. 睡眠不好。
27. 睡觉时经常作梦。
28. 在深夜突然醒来时不易继续再睡着。
29. 与人交际应酬变得很不起劲。
30. 稍有一点不顺心就会生气，而且时有不安的情形发生。

第十六课　乐观积极

乐观主义者说，我们生活在一个一切皆有可能的世界里，而悲观主义者害怕在这个世界里一切皆有可能。

——美国作家　詹姆斯·布朗奇·卡贝尔

一、发现美好 抵制“抑郁”

近年来，我国公众心理疾病呈高发态势，尤其是职业人群。2009 年的一项调查显示，我国职业人群中，抑郁和焦虑状况已较为严重，超过 50% 的人存在不同程度的抑郁症状。又根据中国健康教育中心针对我国六省市 13177 名职业人群心理健康状况的调查，我国职业人群的焦虑和抑郁状况较为严重，分别有 25.6%、23.52% 和 1.58% 的人处于轻度、中度和重度抑郁状态。

抑郁症是现代社会中全球性的多发病，据世界卫生组织统计，当今全球抑郁症发病率为 10.4%。预计到 2020 年，重症导致功能残疾人数将升至疾病总类的第二位，仅次于缺血性心脏病。在中国，目前已有 2600 万人患有抑郁症；在美国全日制工作人员中，有 7% 的人在过去的一年中曾与抑郁症作过斗。在被调查的职业中，照顾老人与小孩的护工和为顾客提供餐饮的服务员，是两类最易患抑郁症的人员。抑郁症每年使美国损失 300 亿至 440 亿美元。

20 世纪是一个焦虑的时代，21 世纪是一个忧伤的时代。世界各地的数据表明，抑郁已经成为一种现代流行病，有一种整体上扬的全球趋势，越来越多的人遭遇抑郁的威胁，而第一次出现抑郁症状的平均年龄有越来越小的趋势。

著名心理学家马丁·塞利曼将抑郁称为情绪“感冒”，是一种心境的障碍。它在职场和社会蔓延，是对现代人一项严重的挑战。

然而，我们为什么会抑郁呢?

心理学家曾经做过一个著名的呼叫实验：他们给心理健康的人和抑郁症患者同时佩戴上传呼机，要求他们发现开心的事按绿钮，发现不开心的事按红钮。实验发现，情绪健康的人和抑郁患者按红钮的概率是差不多的，然而，区别在于，心理健康的人同时有很多绿钮的呼叫。相比之下，抑郁患者却几乎没有开心的发现。

缺乏“发现美好”的能力，是抑郁一个重要的成因。战胜抑郁的一项重要的情商能力，就是发现美好，坚信对未来的期望，在困难面前依旧让自己有足够的信心。

许三多，是曾经风靡一时的银幕角色。他资质平平，甚至有些愚钝，出身平凡，更没有什么特殊的“手艺”。然而，他却打动了很多的人，并在自己的职业生涯中（军旅生涯）一路“平步青云”。帮到他的，正是乐观。

“有意义的事就是好好活，好好活就是做有意义的事，做很多很多有意义的事。”

“只要今天比昨天好，这不就是希望吗？”

“记住一个人的好，总强过记住一个人的坏。”

这些，都是许三多语录，他的那种坚持质朴、向往美好的个性，就是对乐观精神很好的诠释。

在我们的身边，每时每刻也都在发生的令人振奋的职场故事。

39岁的熊汉云，丈夫被查出胃癌转移至肝脏，1993年撒手离去。此时的熊汉云欠下6万元外债，两个孩子在读高一、初二。为了方便照顾儿女饮食起居，熊汉云改行做起家政服务。这位大嫂曾是什么家务都不会做的“甩手掌柜”，4年时间，熊汉云不仅还清了外债，养活两个孩子，甚至学会做60种汤、200多道菜。

2000年，熊汉云结合自身经验，当起育婴培训班老师，《1—3岁孩子每月共36套食谱以及常见疾病》被教材收录。2004年，她自费16000元到北京学习早教，拿到早教证；2006年，她再次自费到深圳4个月，学做月子餐。入行20多年，她护理了500余名孕产妇，每个经过她手的孩子，长牙学步、吃奶拉屎等生长状况，喂食时间、浓度、频率都被详细记录在日记里。如今熊汉云已经是月薪8000元的育婴培训师，还即将奔赴德国深造。

这又是一个现实版的不抛弃、不放弃的真实重现。

在国外，有研究者专门对职业乐观问题进行了研究。塞利格曼对联泰大都会人寿保险公司推销员研究发现，大约3/4的推销员在3年之内就放弃了这份工作，悲观者辞职是乐观者2倍。一批乐观推销员第一年的业绩比悲观者多21%，第二年多出57%

研究还发现，面对瞬息万变的市场环境，乐观的企业决策者能够从容应对市场的变化，倾向于看到市场的机会。而企业拥有乐观的员工，不仅能够带来绩效的价值，还包括和谐的人际氛围，更强的抗压能力和更快速的执行力。

美国管理学会前任主席佛雷德·卢桑斯教授曾提出一个新概念——员工心理资本，指个体在成长和发展过程中表现出来的一种积极的心理状态，它是在经济资本、人力资本和社会资本之上的第四种资本。心理资本包含个体内在的一切积极力量，核心要素即是自信、乐观、希望、韧性。

二、乐观是一种解释

乐观其实很简单，它只是你给自己的一个“说法”。

（一）乐观是一种归因倾向

马塞尔·普鲁斯特说，真正的发现往往不在于找到了“新大陆”，而在于拥有了看待事物的全新视角。

美国心理协会前任主席，积极心理学之父马丁·塞利格曼（Martin Seligman）指出，乐观是一种归因风格，即如何解释发生在自己身上的事。乐观的人，把积极的事件归因于自身的、持久的、普遍的原因，把消极事件归因于外部的、暂时的、情境性的原因。乐观向上的人往往认为失败只是暂时的，不是他们的过错，困境可以变成一种挑战，一个有所作为的机遇，或者呼唤出更大的努力。而悲观者恰恰相反，即使是成功和幸运，他们也认为这非常偶然。面对失败和困境，他们认为这是自身的原因，并且觉得永无出头之日。抑郁者往往拥有这样的倾向。

（二）乐观是一种积极的预期

70 岁的孙老先生在医院交费大厅被低头赶路的张某撞倒在地，造成颅内出血，抢救一周无效死亡。

听到这则消息，你还敢去人多的地方吗?

乐观的人认为，这只是一个意外。被撞倒已是意外，倒地后颅内出血更是意外之意外。所以，这种事情几乎根本不会发生在自己身上。

而悲观的人则不然，他会想起还有哪些地方会造成这种人多拥挤。地铁、商场、酒吧、大街上，社会真是充满不安。

研究结果表明，当消极预期形成时，消极思考者比积极思考者的成绩表现更好。意思是说，如果你真的遇到了人多拥挤，被挤倒的情况，那么悲观主义者会表现的更好。因为他们已经反复思考过所有可能发生这种情况的情境，并且学会了很多摔倒时保护自己的技能，甚至已经反复练习过。这种反复的思量和预演，有可能让他们在被挤倒的那一瞬间，给自己带来一些“胜算”。这像不像你身边那些焦虑的人?

然而，这种事情真的会发生吗?

心理学家做了个实验，试验者每周日晚把下一周的烦恼写下来，投入烦恼箱，3 周后打开箱子，结果超过 90% 的烦恼都没发生。据统计，一般人的忧虑 40% 属于过去，50% 属于未来，只有 10% 真正属于现在，而 92% 的忧虑从未发生过，剩下的 8% 绝大多数则是能够轻易应付的。

悲观者的生命就在这些对未来的担忧、思量和预演中，白白被浪费了。

（三）乐观是一种发现美好的能力

一位老师拿出一只装满了沙子的大纸盒，一边展示给大家看，一边说：“这些沙子里搀杂着铁屑，请问你们能不能用眼睛和手指从中间把铁屑挑出来？”

大伙儿摇着头。

老师看着疑惑的孩子们，笑笑说：“有一种工具能帮助我们迅速地从沙子中间找到铁屑。大家可能都想到了，这种工具就是磁铁。”

说罢，他从包里掏出一块磁铁，把它放在沙子里面不停搅动。在磁铁的周围很快地聚集了箭镞似的铁屑。老师把那一团铁屑举给同学们看，他说：“这就是磁铁的魔力，我们用手和眼睛无法办到的事，它却能够轻而易举地做得很好。”

这枚磁铁就是一颗发现美好的“心”。

心在哪里，你的命运就在哪里——只要有一颗乐观的心灵，就能像磁铁一样，吸引到有用的资源、美好的事物以及幸福的生活。

三、抗挫其实很简单

马云，是公认的抗挫“高手”。

一个兼职创业的英语老师，从三尺讲台，到第一个登上美国《福布斯》杂志方面的中国企业家；从一个网盲，到高举“做中小企业救赎者”的大旗，开拓一个前无古人、后有来者的新领域——中小企业 B2B，让世界互联网版图上又多出了一个崭新的——阿里巴巴模式。一个被人称作“外星人”的小个子男人，在 2004 年 CCTV 中国经济年度人物颁奖典礼上，幽默的说出：“一个男人的成就跟他的智商是成反比的”。

近 20 年的创业历程，他曾遭遇了无数的困难、挑战、失败、甚至绝境。然而，他如何看待挫折和失败呢？

2005 年，马云在东莞网商论坛上表示：敢于犯错误才能更成功。“我并不觉得我丢脸，因为谁都会犯错，犯错误并不耻辱，不承认自己犯错误才是一种耻辱。今天阿里巴巴敢继续走下去，是因为我们犯了这么多错误，这是我们最大的财富。永远不要把常胜将军放在最关键的位置上，在座的所有老板们记住，把那些失败的人，放到重要的位置上，因为经历过失败的人，才知道什么是成功。”

作为投资人，他建议创业者们不要太相信“成功”经验，要去体验失败。他说风险投资人有有一条不成文的规则，对于一个风险投资人最值钱的，不是你的成功案例，而是你的失败经历，经历过失败才能更成功。

可口可乐总裁古滋·维塔也是一个抗挫力极强的人。这位著名的古巴人，40年前随全家人匆匆逃离古巴来到美国，身上只带了40美金和100张可口可乐的股票。同样是这个古巴人，40年后竟然能够领导可口可乐公司，在他退休时可口可乐价值增长了30倍。他在总结自己的成功历程时讲了这样一句话：“一个人即使走到了绝境，只要你有坚定的信念，抱着必胜的决心，你仍然还有成功的可能。”

面临困境、失败、挫折的挑战，人能够把握自己，坚持迎战，相信一定会战胜困难。这种“抗挫力”也是乐观积极的表现。

（一）“抗挫力”高的人有这样的一些特点，他们自己负责，自己控制

他们对自己所作所为承担责任，对环境有信心把握。而抗挫力低的人，遇到困难和挫折，只会逆来顺受，信天由命。

乐观的人面对挫折会说：

我能够

我相信

我来做什么

我可以改变

重新再来

而悲观的人会说：

不可能

我担心

没有办法改变了

这个行不通

我无能为力

（二）抗挫力高的人还善于控制负面影响，并努力将负面影响降到最低

Juliani和Wing（1998）对香港下岗妇女的调查研究表明，乐观是应对失业危机的重要个人资源，高乐观的妇女比低乐观的妇女能更好地把自己的生活与失业问题分开处理。失业只是一个问题，那么就解决这个问题，而不要把情绪带入家庭生活，甚至对自己的人生信念，自我价值产生怀疑。而悲观的人，有把事情扩大化、灾难化的倾向。一旦面临困境，他们就觉得工作无望，家庭危机，深陷泥潭，无力自拔。

（三）抗挫力高的人会不断地坚持

爱迪生曾说，很多人失败的原因是，在他们放弃的时候，不知道自己离成功已经很近了 。

第八十一届奥斯卡金像奖最佳女主角凯特·温斯莱特（Kate Winslet ）发表获奖感言时说:“如果我说之前从未准备过感言的话，那肯定是撒谎，8岁大的时候我就开始对着浴室的镜子练习，幻想自己获得奥斯卡最佳女主角奖。这次我手里的终于不再是洗头水！”这一年她35岁。对着镜子，她演习了27年。

任何的成功，都不会一帆风顺，能坚持不懈，也是乐观精神的核心精神品质。人生如一粒种子，只要找到了土壤，只要有适宜的温度、空气、水，就会生长，生命是一个无法拒绝的过程。生命的意义在于，在这份无法拒绝的过程中，活出意义，活出乐观，活出坚持。

尝试用办公室里的一些日常“困境”，来测测你的抗挫力吧。想象一下，有一天你的邮箱遇到了这些情况，你会怎么办?

1.上班第一天对公司同事还不熟悉，你将邮件发给了错误的部门。

A. 请收到邮件的同事帮忙，把那封邮件转到正确的部门（1分）

B. 假装没发生这件事，直接给正确的部门重新发一次邮件（2分）

C. 给两个部门同时写邮件说明自己的失误，请大家谅解（3分）

2. 邮件刚刚发给了客户，你却突然发现里面有个严重的错误。

A. 立刻和客户沟通，诚恳的致歉，并请客户查收新邮件（2分）

B. 求助于自己的上司，讲明情况并向领导询问解决方法（1分）

C. 仔细检查，确认无误后给客户重发一遍，注明"请以此为准"（3分）

3. 公司邮箱瘫痪，你请客户将资料发至你的私人邮箱，对方嫌太麻烦。

A. 这次先用短信把私人邮箱地址发给客户，并考虑以后弄个好记的邮箱（3分）

B. 跟客户讲其实很简单，请拿笔和纸记一下吧，然后报出私人邮箱地址（2分）

C. 对方嫌麻烦说明并不着急，那就等公司邮箱正常以后再说（1分）

4. 你正在一个重要会议上，突然客户通知你有一封很紧急的邮件要处理。

A. 毕竟人已经在会议上了，还是先把会开会吧，邮件先放一放（1分）

B. 不敢耽误，立刻申请离开会议，会后再向同事了解会议情况（2分）

C. 把手机和邮箱绑定，一边处理邮件一边开会，两边都不影响（3分）

5. 每天打开邮箱都有一大堆邮件要处理，使你不得不经常加班埋头苦干。

A. 既然是自己职责范围内的工作，就要坚持到底，保质保量完成工作（2分）

B. 找机会向老板巧妙表明自己的疲惫，申请减少工作量或增加支援（1分）

C. 反思是不是工作方法影响了效率，试着在零碎时间用手机处理邮件（3分）

6. 你不小心把邮箱里的重要邮件删掉了，垃圾箱里也找不回来。

A. 尽可能挽回损失，并养成一个新习惯，把重要文件上传到邮箱的网络硬盘备份（3分）

B. 向公司网管求救，让技术人员帮忙从系统中找回丢失的邮件（2分）

C. 删了就删了吧，既来之则安之，真需要的时候再想办法（1分）

7. 同事转发给你的邮件中，附件貌似有病毒。

A. 直接把邮件删除，不打开就行，以后对这个人的邮件要小心（1分）

B. 用邮箱自带的在线杀毒功能检查，如果有毒会及时提醒对方（3分）

C. 先询问同事，问对方的邮件附件是否有毒，确认没有才打开（2分）

8. 你和同事合作的项目出现问题，同事将所有责任推到你身上，通发所有人。

A. 全部回复，客观反思自己的责任，同时给老板一封说明事件经过的邮件（3分）

B. 不理这封邮件，私下找到所有人说那个同事的无理，心情很不好（1分）

C. 立刻回复邮件反击，据理力争，不惜与那个同事反复邮件往来（2分）

【20分—24分】恭喜你，你属于高抗挫力人群

只从邮箱这个角度就能看出，你面临逆境的时候总能找到最佳解决方法！你的心态很积极，面对困难永远有必胜的信念，可以控制自己的情绪，不会影响到身边的人，任何问题对你来说都能很快解决。

【12分—20分】还好啦，你属于正常人群

你面对逆境的第一直觉不错，可惜少了一些思考或坚持！很多时候要相信自己的判断，不要受外界因素干扰，否则一旦压力过大，你可能就会犯平时不可能出的错误。

【8分—12分】你的抗挫力急待提升

此处无解释，你懂的。

四、提升职场正能量

一段不愉快的对话，一个沮丧的结果，一些突如其来的意外，巨大的工作事业的压力，噪杂拥挤的地铁，阴霾污染的环境，自然的生理周期，都会把负面的情绪能量堆积在我们的身体里。积累了太多“负面能量”的身体，就犹如一个弹药库，随时可能会被“冲动”点燃。

如何判断我的负面能量是否已经很多？我也没有发脾气啊！

“负面能量”不一定都是通过“发脾气”、“冲动”的方式宣泄的，它还会转化成让我们不易察觉的形式。

负面能量会安全化：我们积累了愤怒，压抑之后，很多时候不会在公共场所表达，而是会转移给“安全“的对象，例如孩子、下级、饭店的服务员、公司的供应商，甚至是完全不相关的路人。

负面能量会情感化：弱势的，比较依赖的人，会把负面能量化作“依赖感”、“孤独感”、“爱恨交织”、“情感饥渴”，会让自己深陷其中，无力自拔。

负面能量会指责化：内心有太多的愤怒、不平，会变成对他人的指责，有时候会上升到更高的道德层面，对一些人和事评头论足。例如在微博上抱怨时事，在马路上抱怨堵车，小到对同事圈圈点点，大到对社会义愤填膺。

负面能量会人格化：长期负面能量无处发泄，会变成“习惯”，会变成对自己的指责。自卑，无力，长吁短叹，对生活失去兴趣。“习得性的无助”，用痛苦的方式来吸引别人的关怀。

负面能量会躯体化：躯体化是把压抑的负面能量转移到自己的身体上了。亚健康状态，包括很多疾病很多都是负面能量堆积的结果。

负面能量动力化：有很多人看似非常努力奋斗，动力十足，但是他的动力不是正向的积极的，心怀着“我一定不能被人看不起”去奋斗的人，内心是纠结的。这样负面的能量往往会导致过度工作，对结果过于期待，一旦无法达成就“气急败坏”。

负面能量幻想化：所谓怀才不遇，远离俗世，迷恋网络游戏，在虚拟世界寻求解脱，都是幻想化。

这些转化了的负面的情绪和能量，往往比单纯的“发脾气”更不易察觉，更具有破坏性。

（一）安全地宣泄

我们该如何疏导负面能量，提升正能量呢？

1. 据研究发现，切洋葱时流出的眼泪，和悲伤时候流出的眼泪，化学成分不尽相同。因“情绪”而流出的眼泪，排出了体内两种神经传导物质，从而缓解了紧张情绪，可以减轻痛苦和消除忧虑。当然，这不是赞成嚎啕大哭或遇事就哭，经常悲悲泣泣。

2. 搞些“小破坏”。找张纸乱涂乱画，撕撕纸，捶捶枕头，摔摔空瓶子，这些肢体的动作可以发泄负面的能量。

不要带着很深的负面信念去做。在古代，深宫中怨妇们会做一个小人，用针去刺，这些“破坏”只会加深负面的信念，诱发更多的负面能量。同样，猛击橡皮人是可以的，但是写老板名字就免了吧。

3. 胡言乱语。找一个安静的房间，或对着一棵大树，闭上眼睛，说出一些无意义或不连贯的话，把不舒服的东西都扔出来。或者深呼吸，"长吁短叹"一番，效果也不错。

别没完没了，适可而止，可以定个闹钟，提醒自己可以结束了。

4. 休闲一下。去健身房运动一番，唱唱卡拉OK，购物，吃大餐，睡大觉、喝小酒也不失为很好的宣泄方法。

5. 安全地倾诉。找个知心朋友，品性积极温暖的，喝喝茶，聊聊天，倾诉下心中的苦闷。亦或者写日记，自己跟自己说一说。

别找那些嘴巴大的，没有同情心的，比你还惨的，唯恐天下不乱的。

（二）利用“共鸣”

1. 看电影。一些与经历相似的剧情，能够“投射”你的情感。跟着电影里面的人物哭一哭，笑一笑，很多情感会被带走。尽量找结局比较“圆满”的电影，哭过之后，还有力量。

2. 听音乐。音乐有很神奇的疗愈功能，也可以唤醒内心积极的力量。选择一些舒缓的、瑜伽的音乐可以平复我们的心情。而另一些激昂的动感的音乐，又可以唤醒我们的内在的能量。

3. 利用颜色。据古老的东方医学经验，颜色具有治疗人体和精神的独特能力。黑色使人冷静，红色激发激情和欲望，橙色是治疗抑郁症的极好颜色，黄色促进食欲，绿色可以舒解身体与精神上的疲劳，紫色有利于睡眠。

4. 亲近大自然。大自然是非常巨大的和谐能量场，置身其中，我们身体里那些“不和谐”的小能量，很快就会被融化。望望云，看看海，听听树林里的鸟语，都让我们心旷神怡。

（三）设定心锚

设定心锚就是要把积极情绪和一个情境捆绑起来，反复体验。你每次进入这个情境，那个积极的情绪就会被唤醒。所谓触景生情。

比如，你在办公桌上摆放一张爱人的照片，一旦看到她，就心情愉悦。又比如，你在上班前听一曲熟悉的音乐，每当音乐开始，你就进入一个全新的状态。又或者，每一天下班的时候，做一个动作“耶”，拍拍手，随着这一拍，宣告今天工作结束，所有烦心事都放下。这些特别的视觉、听觉、触觉的信息，都会建立起一个特定的心锚，就像在心中放了一枚书签一样，可以在需要的时候，随时取用心锚设置时的心理状态。

（四）肌肉放松训练

放松是缓解焦虑、恐惧，达到心理平衡的有效方法之一。肌肉张弛放松训练，是使自己通过充分体会肌肉紧张与放松的感觉，缓解或消除各种不良身心反应，如焦虑、紧张、恐惧、入眠困难、血压增高、头疼等症状，达到心理平衡的过程。

（五）调动神经系统

食物可以通过影响大脑中某些化学物质的产生，从而改善人们的心情。全麦面包中的包氨酸能提高大脑中 5 羟色胺的水平，使人产生愉悦的感觉；香蕉中的镁可以缓解紧张；辣椒中的辣椒素能释放出内啡肽，引起短暂的愉快感；多巴胺会激发爱情，也会让你成瘾；催产素不仅女人有，男人也有，它是人与人之间亲密的关系的起源，让你渴望拥抱。

长时间、连续性的、中度至剧烈的运动，是分泌脑内啡的条件。所以运动也会使我们快乐。

（六）调理身体运行

中医早有“七情”、“五志”之说。七情就是喜怒哀惧爱恶欲七种精神情绪的变化状况；“五志”是喜怒忧思恐五种精神情绪的活动表现，这些都是人们心理状态的反映。《灵枢·本脏篇》说：“志意和，则精神专直，魂魄不散，悔怒不起，五脏不受邪矣。”说的是，人的正常情志变化，对人的健康无损。但是如果情志变化过度过激，喜怒无常，长期失调，就会转化为各种疾病。同样，不同器官的疾病，也会牵发不同的情志反应。所谓“怒伤肝、喜伤心、思伤脾、忧伤肺、恐伤肾”。喜爱中医的朋友不妨研究一下，调理身体的同时，调理情绪。

五、情商加油站

乐观积极是指乐观主义者相信美好的事物层出不穷，永远存在；而不好的事物是有限的、暂时的。乐观者用美好的语言解释行动和发生的事件，将不利的情况和可能性降低到最小，期望发生最好的结果。

“乐观”是指即便在逆境中，依然能够看到生活光明的一面，并且保持积极态度的能力以迅速适应环境．即便他们没有找到解决问题的办法，他们也坚信马上会有办法，事态是可以控制的。

乐观向上的人认为失败是暂时的，不是他们的过错，困境可以变成一种挑战，一个有所作为的机遇，或者呼唤出更大的努力。

有效的“乐观积极”在职场的表现

对工作、工作环境充满信心；

能够积极对待困难，并视之为有价值的挑战；

对工作场所发生的负面事件，能够控制范围，进行积极的解读；

能够在压力和困难的环境中坚持，并相信希望。

“乐观积极”在职场使用不足的表现

不自信，对自己的命运消极悲观；

凡事往坏处想；

遇到困难，总是做最坏的打算，并时刻担心其发生；

在困境中无法坚持，无法相信自己解决问题的能力；

不懂得欣赏，凡事看到的都是问题；

扮演受害者。

“乐观积极”在职场使用过头的表现

盲目乐观，不能审时度势；

太过乐观，看不到负面的东西，自欺欺人。

六、情商测一测

你是一个乐观的人吗？正面的人总是可以给身边的朋友带来积极的影响。

请用“是”或“否”来回答下列问题。回答一个“是”得1分，“否”不得分。

1. 如果半夜里听到有人敲门，你会认为那是坏消息，或有麻烦发生了吗？

2. 你随身带着安全别针和一条绳子，以防万一衣服或别的东西裂开？

3. 你跟人打过赌吗？

4. 你曾梦想过赢了彩券或继承一大笔遗产吗？

5. 出门的时候，你经常带着一把伞吗？

6. 你把收入的相当部分用来买保险吗？

7. 度假时，你曾经没预定旅馆就出门了吗？

8. 你觉得大部分人都很诚实吗？

9. 度假时，把家门钥匙托朋友或邻居保管，你会把贵重物品事先锁起来吗?

10. 对于新计划，你总是非常热衷吗?

11. 当朋友表示一定奉还时，你会答应借钱给他吗?

12. 大家计划去野餐或烤肉时，如果下雨，你仍会照原定计划准备吗?

13. 在一般情况下，你信任别人吗?

14. 如有重要的会，你会提早出门，以防塞车、抛锚或别的状况发生吗?

15. 如果医生叫你做一次身体检查，你会怀疑自己可能有病吗?

16. 每天早晨起床时，你会期待又是美好一天的开始吗?

17. 收到意外的来函或包裹时，你会特别开心吗?

18. 你会随心所欲地花钱，等花完以后再发愁吗?

19. 上飞机前，你会买旅行保险吗?

20. 你对未来的十二个月充满希望吗?

0 ~ 7 分：标准的悲观主义者，看人生总是看到不好的那一面。

8 ~ 14 分：你对人生的态度比较正常。不过，你仍可以再进一步，学会以积极和乐观的态度来应付人生中无法避免的起伏情况。

15 ~ 20 分：标准的乐观主义者，总是看到人生好的一面，将失望和困难摆到旁边去